普通高等教育"十二五"规划教材

机械制造技术基础学习指导与习题

主　编　王红军
副主编　张怀存　钟建琳
参　编　刘忠和　常　城
主　审　王先逵　韩秋实

机械工业出版社

本书是根据"机械制造技术基础"课程教学大纲和教学要求，在《机械制造技术基础》第3版（韩秋实、王红军主编，机械工业出版社2009年出版）一书的基础上编写而成的，是该书的配套教材。本书也可作为机械设计制造及其自动化专业"机械制造技术基础"课程相关教材的参考书。

本书内容包括《机械制造技术基础》第3版中各章内容的学习指导和习题两部分。学习指导部分阐明了各章的学习内容与学习要求，指出了各章学习的重点和难点，对重点、难点内容进行了较为详细的分析，精选了一定数量的典型例题，每章后都提供了习题，并附有部分题目的参考答案。附录中还给出了项目研究学习的课程项目研究书，供学生进行基于问题的项目研究学习时参考。实现帮助学生消化、巩固和加深所学知识的目的。该书采用作业本的形式，便于学生使用，方便教师批改。

本书可作为高等学校机械类、非机械类相关专业"机械制造技术基础"课程的学习辅导书，也可供自学者及相关人员参阅。

图书在版编目（CIP）数据

机械制造技术基础学习指导与习题/王红军主编．—北京：机械工业出版社，2012.1（2021.1重印）

普通高等教育"十二五"规划教材

ISBN 978-7-111-36756-7

Ⅰ.①机⋯ Ⅱ.①王⋯ Ⅲ.①机械制造工艺 – 高等学校 – 教学参考资料 Ⅳ.①TH16

中国版本图书馆CIP数据核字（2011）第257419号

机械工业出版社（北京市百万庄大街22号 邮政编码100037）
策划编辑：刘小慧 责任编辑：刘小慧 韩 冰
版式设计：霍永明 责任校对：张 媛
封面设计：张 静 责任印制：孙 炜
保定市中画美凯印刷有限公司印刷
2021年1月第1版第7次印刷
184mm×260mm·12.25印张·298千字
标准书号：ISBN 978-7-111-36756-7
定价:28.00元

前　言

"机械制造技术基础"是机械类各专业研究机械制造共性问题的一门专业技术基础课。该课程包含了机械制造技术的基本知识、基本理论和基本技能，以切削理论为基础，以制造工艺为主线，兼顾工艺装备知识的掌握，注意反映本学科理论与技术的新发展。通过学习该课程，学生应掌握材料、刀具、工艺和机床的基本理论、基本知识和基本技能。该课程可使学生打好工程技术的理论基础，并受到严格的基本技能和创造思维的训练，培养学生对机械制造工作的适应能力和开发创新能力。

本课程的特点是：内容涉及知识面宽，知识点多，综合性强，与实际工程结合紧密。

为了更好地帮助学生学习并掌握本学科知识，作者特编写了本书。本书既可与《机械制造技术基础》第3版（韩秋实、王红军主编，普通高等教育"十一五"国家级规划教材和北京市高等教育精品教材立项项目）一书配套使用，也可作为机械类、非机械类"机械制造技术基础"课程的学习、复习用书。《机械制造技术基础学习指导及习题》一书从2000年开始在北京机械工业学院、北京信息科技大学使用。在北京高等学校市级精品课程"机械制造技术基础"建设项目和北京信息科技大学机械制造及其自动化校级优秀教学团队项目的资助下，经过主讲教师的不断努力，在内容上不断改进，精益求精，在形式上不断完善。在"机械制造技术基础"课程教学中，课程组进行了基于问题教学模式的改革，该教学成果在本书中也有所体现。此种方式在多年的使用过程中受到老师和学生的欢迎。

本书由北京信息科技大学王红军统稿并担任主编，张怀存、钟建琳担任副主编。王红军编写第一、二、三、九、十二、十三章，钟建琳编写第七、八、十一章，张怀存撰写第六章，刘忠和编写第四、十、十四章，常城编写第五章。王红军、钟建琳、刘忠和、常城编写了习题的参考答案。在整理书稿过程中，得到了同课程组杨庆东、朱永、刘国庆等老师的热心帮助，在此表示感谢。

本书在编写过程中，听取了于骏一教授等一些老专家的意见，并参考和引用了一些教材中的部分内容和插图，在此表示感谢。本书的出版得到了北京高等学校市级精品课程"机械制造技术基础"项目的资助。在此表示深切的谢意。

本书由王先逵教授和韩秋实教授担任主审。

本书采用作业本的形式，方便同学使用和教师批改。限于编者水平，书中不妥之处在所难免，敬请批评指正。

编　者

目　　录

第一章 绪 论

第一节 基本内容及学习要求

本课程是机械设计制造及其自动化、车辆工程和工业工程专业的专业技术基础课程。课程的内容围绕产品的加工制造，精选经典传统内容，并充分体现现代机械制造技术的新进展；以产品质量、生产率、经济性、可持续发展为中心，融入节约能源和绿色制造的理念，以质量为重点的指导思想；既研究生产中质量、效率及成本的关系，又强调现代化生产中的柔性化、信息化和绿色制造的现代生产理念。

课程目标如下：

1）学习掌握机械制造技术的传统理论和基本原理、方法，使学生具有初步分析和解决有关机械制造问题的基本能力。这些能力包括以下几方面内容：

① 掌握机械加工及设备的基础理论、金属切削原理的基本知识、金属切削机床与刀具等基本概念，能够正确选用产品制造过程中的加工方法、设备、刀具和切削用量等。

② 掌握传统的车床结构和传动系统，了解从传统机床到数控机床的发展脉络，掌握数控机床的基本原理和特点，能够根据需求选用数控机床。

③ 具有完成中等复杂程度零件工艺设计的能力，能利用工艺设计的基本理论和计算机辅助工艺设计技术，对零件进行结构分析，掌握工艺方案的分析方法，进行工艺过程拟定和工序设计；了解数控加工工艺的特点和步骤。

④ 掌握机械制造过程中所使用夹具的基本构成，六点定位原理的定位方案的选择方法，能够对所设计的定位方案进行定位误差的分析，并对定位方案进行评价。

⑤ 具有解决制造过程中的加工精度和表面质量问题的能力，掌握保留误差统计与分析的方法对生产过程状态进行评价和分析的理论和技术。

⑥ 初步具有产品装配工艺的设计能力。

2）通过本课程的学习，学生具有理论联系实际的能力，能够建立工程思维逻辑，善于提出问题并用科学的方法研究、解决产品制造过程中遇到的实际问题。

3）通过本课程的学习，学生能够了解和掌握先进制造技术、制造信息化和绿色制造的基本理论和方法，了解先进制造技术的发展现状和学科专业交叉的前沿情况。

4）通过本课程的学习和实践训练，培养学生创新思维能力和严谨规范的工程师素质，树立节约能源和绿色制造的思想意识，养成求真务实的工作态度。

一、基本内容

本章的基本内容主要包括制造与制造技术、制造系统、制造业的发展及其在国民经济中的地位和我国机械制造业面临的机遇与挑战。具体包括回顾机械制造工业的发展历程，介绍机械制造工业的国内外发展水平和研究现状，明确制造工业的功能和作用，解释机械制造过程及机械制造系统等基本概念，展望信息时代的机械制造工业等内容。

二、学习要求

本章的学习要求如下：

1）深入理解机械制造工业在发展我国国民经济中的地位和作用。

2）了解制造与制造技术、制造系统、制造业的在建国后取得的成绩，深入理解当前我国机械制造业面临的机遇与挑战以及发展现状。

3）了解机械制造技术的发展方向。

第二节　重点、难点分析及学习指导

在国民经济的各个领域、各个行业中广泛使用着大量的机床、机器、仪器及工具等，这些工艺装备都是由机械制造工业提供的。机械制造工业的主要任务就是围绕各种工程材料的加工技术，研究其加工工艺并设计和制造各种工艺装备。机械制造工业是国民经济各部门的装备部门，它不仅为传统产业的改造提供现代化的装备，同时也为计算机、通信等新兴产业群提供基础的或从未有过的新型技术装备。机械制造业的兴衰直接影响和制约了工业、农业、交通、航天、信息和国防各部门的生产技术和整体水平，进而影响着一个国家的综合生产力及国力水平。

一、机械制造工业的作用、发展及国内外水平

机械制造业是有着悠久历史的行业，早在公元前几世纪，制造业的萌芽就已经出现了。人们最初是加工木料，并逐渐过渡到加工金属。在 15 世纪出现了畜力驱动的铣床，用来加工天文仪器上的铜盘。18、19 世纪相继出现了由蒸汽机和电力驱动的机械动力机床及相应的刀具，其加工的范围、精度和效率都达到了一定的水平。随着电子计算机及以计算机为核心的信息技术的产生和发展，在 20 世纪 40 年代出现了数控机床（NC）以及后来的计算机数控机床（CNC）、加工中心（MC）、柔性制造单元（FMC）、柔性制造系统（FMS）、计算机集成制造系统（CIMS）等；同时，新的、高效率的硬质合金刀具及新刀具材料也在不断发展，机械制造业已经进入了一个划时代的新的发展阶段。

我国的机械制造业起步于 20 世纪 50 年代，多年来已取得了长足的进步。我国的机械制造业已达到了相当的规模和水平，已能生产六轴五联动的数控系统；高速数控铣床的主轴转速为 4000~80000r/min，进给速度可达 30m/min，定位精度为 5μm。还开发出了数控七轴五联动重型立式车铣复合加工机床。目前，数控机床正在向高精度、高速度、多轴联动、复合化方向发展，向自动线和柔性自动线成套方向发展，向高级型、普及型、经济型相结合的方向发展，向模块化、系列化方向发展。

在切削刀具方面，我国已开发了超细晶粒硬质合金、碳化钛基硬质合金、含稀土元素的硬质合金，以及高性能超细晶粒氧化铝陶瓷、氮化硅陶瓷等刀具材料，并已能生产高精密滚刀、精密镜面铣刀等刀具和立方氮化硼（CBN）砂轮。

经过多年发展，我国装备制造业已经形成门类齐全、规模较大、具有一定技术水平的产业体系，成为国民经济的重要支柱产业。我国已经成为装备制造业大国，但相对于工业发达国家的机械制造工业水平，还有一定的差距，如我国生产的数控系统在可靠性、无故障使用时间上都低于国外的一些同类产品。国产高档数控机床在品种、水平和数量上远远满足不了国内发展需求；数控机床功能部件和数控系统发展滞后；机床制造企业装备水平不高，制造能力不能满足市场的要求。我国已加快实施高档数控机床与基础制造装备的科技重大专项的

研发速度，重点研发高速精密复合数控金属切削机床、重型数控金属切削机床、数控特种加工机床、大型数控成形冲压设备、重型锻压设备、清洁高效铸造设备、新型焊接设备与自动化生产设备、大型清洁热处理与表面处理设备等八类主机产品，已基本掌握高档数控装置、电动机及驱动装置、数控机床功能部件、关键部件等的核心技术。

二、机械制造过程及机械制造系统

机械制造过程包括产品的制造阶段、生产工艺过程或工艺过程等。机械制造系统可分为加工中心单级制造系统、多台机床组成的多级计算机集成制造系统、无人车间或无人工厂。

机械制造技术的基础包括切削原理及刀具、金属切削机床及机械制造工艺学等基本理论及相关知识。

三、机械制造工业的现状

在现代机械制造系统中，设计、制造和营销管理都已经或正在实现自动化、智能化、信息化，用电子计算机控制的机械和生产线代替或减少了劳动者的工作量，提高了效率。计算机虚拟技术的应用加速了产品的设计和生产过程，提高了产品的质量和可靠性，降低了成本。网络通信技术使产品的制造、生产超越了空间的限制，实现了跨地域、跨行业、跨国界的合作与集成，并逐步走向全球化。这些都是现代制造业所取得的初步成就。

制造系统的三要素为物质、能量和信息，其中的物质部分即加工设备和被加工材料。物质和能量在传统的制造系统中曾占据主导地位，被较多地研究、开发和利用。信息要素也可实现节省物质和能量。能量驱动型和信息驱动型是区别传统制造和现代制造的显著特征。高端装备制造应该具备高可靠性、高强度、高精密性。海油工程、煤化工、电子集成电路、核电、风电、高端机床等都将成为高端装备制造突破的重点行业。大型装备制造业是制造业的高端领域，制造业中的高新技术与先进管理模式基本体现在装备制造业中，制造业中利润空间最大的部分也是装备制造业。装备制造业代表着整个制造业的走向，决定着整个制造业的水平。其中包括重型机械、船舶、飞机、发电设备、大型锅炉、冶金机械、矿山机械、专用设备等大型装备的制造。

四、机械制造工业的超精密加工以及发展趋势

超精密加工是获得高形状精度、表面精度和表面完整性的必要手段。随着对产品质量和多样化的要求日益提高，对超精密加工提出更多、更高的要求。超精密加工技术已成为包含当代最新科技成果的一个复杂系统工程。

超精密加工技术始终采用当代最新科技成果来提高加工精度和完善自身，故"超精密"的概念随着科技的发展而不断更新。目前，超精密加工技术是指加工的尺寸、形状精度达到亚微米级，加工表面粗糙度值达到纳米级的加工技术的总称。超精密加工技术在某些应用领域已经延伸到纳米尺度范围，其加工精度已经接近纳米级，表面粗糙度值已经达到 10^{-1} nm级，并且正向其终极目标——原子级加工精度（超精密加工的极限精度）逼近，原子直径为 $0.1 \sim 0.2$ nm。根据理论分析，加工切除层的最小极限尺寸为原子直径，如果一层一层地切除原子，被加工表面的尺寸波动范围在 $0.1 \sim 0.2$ nm 之间，具有这种特征的表面称为"超光滑表面"。目前的超精密加工以不改变工件材料物理特性为前提，以获得极限的形状精度、尺寸精度、表面粗糙度、表面完整性（无或极少的表面损伤，包括微裂纹缺陷、残余应力、组织变化等）为目标。超精密加工目前包括四个领域：超精密切削加工、超精密磨削加工、超精密抛光加工和超精密特种加工（如电子束、离子束加工）。

超精密切削是特指采用金刚石等超硬材料作为刀具的切削加工技术，其加工表面粗糙度值可达到几十纳米，包括超精密车削、镗削、铣削及复合切削（超声波振动车削加工技术等）。

超精密磨削是指利用细粒度或超细粒度的固结磨料砂轮以及高性能磨床实现材料高效率去除，加工精度达到 $0.1\ \mu m$，加工表面粗糙度值 $Ra < 0.025\ \mu m$ 的加工方法。它是超精密加工技术中能够兼顾加工精度、表面质量和加工效率的加工手段。

超精密抛光是指利用微细磨粒的机械作用和化学作用，在软质抛光工具或化学液、电/磁场等辅助作用下，为获得光滑或超光滑表面，减少或完全消除加工变质层，从而获得高表面质量的加工方法。其加工精度可达到纳米级，加工表面粗糙度值可达到 $10^{-1}\ nm$ 级，抛光过程中的材料去除量十分微小，一般在几微米以下。超精密抛光是目前最主要的终加工手段。

现代机械工业之所以要致力于提高加工精度，其主要原因在于：可提高产品的性能和质量，提高其稳定性和可靠性；促进产品的小型化；增强零件的互换性，提高装配生产率，并促进自动化装配。超精密加工日益重要，它对国防、航空航天、核能等高新技术领域也有着重要的影响。超精密加工综合应用了机械技术发展的新成果以及现代电子技术、传感技术、光学和计算机技术等高新技术，是一个国家科学技术水平和综合国力的重要标志，因此受到各国的高度重视。影响超精密加工精度的主要因素包括：超精密机床、超精密加工工具（刀具、磨具、磨料等）、超精密加工工艺、被加工材料、夹具、在线检测与误差补偿、超精密加工环境（包括恒温、隔振、洁净控制等）。超精密加工技术的发展趋势是：①大型化、微小型化、数控化、智能化的加工装备；②复合化、无损伤加工工艺；③超精密、高效率、低成本批量加工；④在生产车间大量应用高精度、低成本的专用检测装置。

第三节　习　　题

一、思考题

1. 简述机械加工工艺系统的组成。产品的包装入库工作是否属于机械加工过程？

2. 纵观机械工业的发展历史，如何理解机械制造工业是国家的支柱产业？

3. 如何理解机械制造工业和信息技术的关系？

4. 如何理解高端装备制造？

5. 请查阅资料，了解机械制造工业的主要成就，并列举出五项。

二、论述题

1. 通过对本章内容的学习，阐述你对本课程的理解。

2. 通过学习和了解超精密加工的现状，举例说明超精密加工对实际生活的影响。

3. 作为本领域未来的工程师或者研究人员，你如何看待机械工业的发展趋势？请根据你对本行业的认识论述自己的职业规划。

第二章 机械加工及设备的基础理论

第一节 基本内容及学习要求

一、基本内容

本章内容包括金属切削基本知识、金属切削机床的基本知识、金属切削过程、切削力、刀具的磨损及使用寿命。

二、学习要求

通过对本章内容的学习，学生应了解金属切削过程的基本概念，掌握切削过程中的切削变形、切削力、切削热与切削温度以及有关刀具的磨损与刀具使用寿命、卷屑与断屑等的基本规律，并具备将金属切削过程基本规律应用于实际的能力。在金属切削过程中，刀具材料、刀具角度、切削用量、工件材料、切削液是影响切削过程中四个基本规律的主要因素，综合考虑以上因素是合理解决生产问题的关键。

其具体要求如下：

1）掌握金属切削的基本知识。

2）了解切削运动、切削层参数、切削用量的基本概念，学习刀具切削部分的构造和刀具角度的定义，掌握刀具标注角度参考系中正交平面参考系内刀具几何角度的标注方法。

3）了解金属切削机床的基本知识，熟悉金属切削机床的型号编制方法和国家标准，了解零件表面的成形原理，掌握机床的基本运动和传动链的组成，理解机床传动原理图和传动系统图。

4）了解切削变形、切削力、切削热与切削温度、刀具磨损等物理现象，深入理解其内在联系，掌握切削变形、切削力、切削温度的影响因素和影响规律；了解切屑的种类，掌握切屑形态的控制方法。

5）了解刀具磨损的形态与磨损过程，深入理解磨钝标准和刀具使用寿命的概念。

第二节 重点、难点分析及学习指导

本章的难点在于：理解刀具几何角度的三维空间定义，掌握切削变形、切削力与切削温度与工艺参数的关系与变化规律。

一、金属切削基本知识

1. 切削运动与切削用量

注意区分主运动和进给运动。主运动的速度最高，所消耗的功率最大。进给运动一般速度较低，消耗的功率较小，可以由一个或多个运动组成。

掌握切削用量三要素及其表现形式。

2. 刀具切削部分的基本定义

掌握车刀的组成——三面、两刃、一刀尖。

掌握刀具角度的参考系和刀具角度的关系，重点掌握正交平面参考系的相关内容。理解并掌握基面 p_r、切削平面 p_s 和正交平面 p_o 的相关内容。理解法平面 p_n、假定工作平面 p_f 和背平面 p_p 的相关内容。

3. 刀具的标注角度

理解并掌握在正交平面内标注的前角 γ_o、后角 α_o、楔角 β_o 的相关内容。理解并掌握在切削平面内标注的刃倾角 λ_s 和在基面内标注的主偏角 κ_r、副偏角 κ_r'、刀尖角 ε_r。由前、后刀面磨出的主切削刃只需四个基本角度即可确定它的空间位置，即 γ_o、α_o、κ_r 和 λ_s。

对于副切削刃，可采用与上述相同的方法。一把具有三个刀面和两个切削刃的外圆车刀需标注的角度只有六个，即 γ_o、α_o、κ_r、λ_s、α_o' 和 κ_r'。

4. 刀具的工作角度

刀具的工作角度是指刀具在工作时的实际切削角度。

5. 切削层参数

切削层是指切削部分切过工件的一个单程所切除的工件材料层。切削层的形状和尺寸将直接影响刀具承受的负荷。理解并掌握切削层公称厚度 h_D 与进给量 f 或主偏角 κ_r 的关系，切削层公称宽度 b_D 和切削层公称横截面积 A_D。

二、金属切削机床的基本知识

1. 机床的分类和型号编制方法

了解根据 GB/T 15375—2008《金属切削机床　型号编制方法》对机床进行分类和编制型号的方法。

2. 机床的运动

1）理解并掌握工件表面形成的概念。

2）掌握机床运动的组成方式。

3. 机床的传动

（1）机床的传动链　机床有三个基本部分：执行件、动力源和传动装置。构成一个传动联系的一系列传动件称为传动链。传动链两端的元件称为末端件。掌握外联系传动链、内联系传动链的概念。

（2）机床传动原理图　了解并看懂由简明符号表示的传动原理图。

（3）机床传动系统图　理解并掌握机床传动系统图的画法。

三、金属切削过程

1. 切屑的形成过程及变形区的划分

理解"挤压"、"滑移"、"挤裂"、"切离"四个阶段和三个变形区的划分，了解变形系数的概念。

2. 切屑的类型

掌握切屑的四种类型与材料、刀具之间的关系。

3. 积屑瘤

了解积屑瘤的概念、产生原因和其利弊，以及避免积屑瘤产生的措施。

四、切削力

切削力决定着切削热的产生，并影响刀具磨损和已加工表面的质量。在实际生产中，切削力是计算切削功率，设计和使用机床、刀具、夹具的必要依据。切削热和由它产生的切削温度，直接影响刀具的磨损和使用寿命，并影响工件的加工精度和表面质量。

掌握切削力的来源、合力及其分力的概念；掌握切削功率的计算方法；了解单位切削力与主切削力的关系；理解切削力的经验公式及在实际加工中的使用条件，通过查表获得修正系数；掌握计算切削力、校核切削功率的方法。

影响切削力的因素很多，主要有工件材料、切削用量、刀具几何参数等。

掌握切削热的产生与传出，了解切削温度的测量方法。

五、刀具的磨损与刀具使用寿命

金属切削过程中，刀具在切除金属的同时，其本身也逐渐被磨损。当磨损到一定程度时，刀具便会失去切削能力。刀具磨损的快慢程度用使用寿命来衡量。刀具磨损过快，会增加刀具消耗，影响加工质量，降低生产率，增加成本。分析刀具磨损原因对合理选择切削条件、正确使用刀具，以及确定刀具使用寿命具有重要意义。

刀具的磨损形式可分为正常磨损和非正常磨损两大类。要掌握刀具这两类磨损的原因，了解刀具的磨损过程及磨钝标准。

了解刀具使用寿命的经验公式，掌握刀具使用寿命的概念。

切削速度对刀具的使用寿命影响最大，其次是进给量，背吃力量影响最小。所以在优选切削用量以提高生产率时，首先应尽量选择较大的背吃刀量，然后根据加工条件和加工要求选取允许的最大进给量，最后根据刀具的使用寿命选取合理的切削速度。

掌握选择刀具合理使用寿命的原则，掌握刀具最大生产率使用寿命和刀具经济使用寿命的计算方法，并能用于生产实际。

第三节 习 题

一、思考题

1. 切削用量三要素有哪些？

2. 什么是主运动？

3. 什么是切削层？

4. 金属切削机床的基本功能是什么？什么是表面成形运动？

5. 什么是金属切削机床的内、外联系传动链？

6. 什么是积屑瘤？它对加工过程有什么影响？如何控制积屑瘤的产生？

二、论述题

1. 试述影响切削变形的主要因素及影响规律。

2. 影响切削力的主要因素有哪些？试论述其影响规律。

3. 影响切削温度的主要因素有哪些？各因素对切削变形有哪些影响？试论述其影响规律。

4. 试分析四种刀具磨损原理的本质与特征。它们各在什么条件下产生？

5. 刀具的磨损过程有哪几个阶段？为何会出现这种规律？

6. 刀具的使用寿命应如何界定?

三、选择题

1. 钻削时,切削热传出的途径中所占比例最大的是 (   )。

A. 刀具   B. 工件   C. 切屑   D. 空气介质

2. 在正交平面内测量的前刀面与基面间的夹角为 (   )。

A. 前角   B. 后角   C. 主偏角   D. 刃倾角

3. 在切削平面内测量的角度有 (   )。

A. 前角和后角   B. 主偏角和副偏角   C. 刃倾角

4. 安装车刀时,若刀尖低于工件回转中心,其工作角度与其标注角度相比将会 (   )。

A. 前角不变,后角变小

B. 前角变大,后角变小

C. 前角变小,后角变大

D. 前、后角均不变

5. 影响切削层公称厚度的主要因素是 (   )。

A. 切削速度和进给量

B. 背吃刀量和主偏角

C. 进给量和主偏角

四、判断题

1. 刀具副偏角是指主切削平面与假定工作平面间的夹角(即主切削刃在基面的投影与进给方向的夹角)。(   )

2. 粗加工时产生积屑瘤有一定好处,故采用中等切削速度进行粗加工;精加工时应避免积屑瘤的产生,故切削塑性金属时,常采用高速或低速精加工。(   )

3. 刀具主偏角是指主切削平面与假定工作平面间的夹角（即主切削刃在基面的投影与进给方向的夹角）。（　　）

4. 在刀具角度中，对切削力影响最大的是前角和后角。（　　）

5. 在刀具磨损形式中，前刀面磨损对表面粗糙度影响最大，而后刀面磨损对加工精度影响最大。（　　）

五、填空题

1. 从形态上看，切屑可以分为带状切屑、_____、_____和_____四种类型。

2. 切削过程中金属的变形主要是剪切滑移，所以用_____的大小来衡量变形程度要比变形系数更精确。

3. 利用自然热电偶法可测得的温度是切削区的_____。

4. 刀具一次刃磨之后进行切削，后刀面允许的最大磨损量（VB）称为_____。

5. 靠前刀面处的变形区域称为_____变形区，这个变形区主要集中在和前刀面接触的切屑底面一薄层金属内。

六、计算题

在 CA6140 型车床上车削外圆，已知工件材料为灰铸铁，其牌号为 HT200；刀具材料为硬质合金，其牌号为 YG6；刀具的几何参数为 $\gamma_o = 10°$，$\alpha_o = \alpha_o' = 8°$，$\kappa_r = 45°$，$\kappa_r' = 10°$，$\lambda_s = -10°$（$\lambda_s$ 对三向切削分力的修正系数分别为 $K_{\lambda_s F_c} = 1.0$，$K_{\lambda_s F_p} = 1.5$，$K_{\lambda_s F_f} = 0.75$），$r_\varepsilon = 0.5mm$；切削用量为：$a_p = 3mm$，$f = 0.4mm/r$，$v_c = 80m/min$。试求切削分力 F_c、F_f、F_p 及切削功率 P_c。

七、综合题

1. 已知车刀标注角度为 $\gamma_o = 14°$，$\alpha_o = 10°$，$\kappa_r = 75°$，$\kappa_r' = 18°$，$\alpha_o' = 8°$，$\lambda_s = -3°$，画图表示车刀各角度，并指出切削平面、基面和主剖面。

2. 试完成图 2-1 所示的铣螺纹传动原理图。为实现所需的成形运动要有几条传动链？哪几条是外联系传动链？哪几条是内联系传动链？

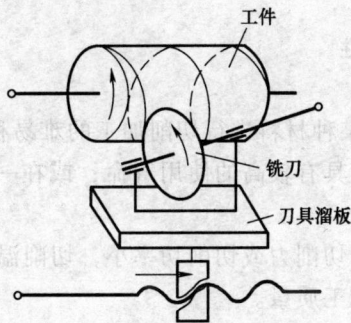

图 2-1　综合题图

第三章 切削条件的合理选择及刀具的选择

第一节 基本内容及学习要求

一、基本内容

在切削加工过程中，切削条件选择得合理与否，对产品的加工精度、生产率和加工成本，以及节约能源都有重要影响。本章内容主要包括：工件材料的切削加工性、刀具材料、切削液、刀具合理几何参数的选择、切削用量的选择。

二、学习要求

1）熟悉工件材料的切削加工性。

2）熟悉常用刀具材料的种类以及特点，掌握选择常用刀具材料的基本原则和方法。

3）熟悉刀具合理几何参数的选择，掌握合理选择刀具几何参数的原则和要领。

4）掌握切削用量的基本概念，掌握合理选择切削用量的原则和方法。

通过学习本章内容，学生应具有根据具体情况合理选择刀具、切削用量、切削液等的初步能力。

第二节 重点、难点分析及学习指导

一、工件材料的切削加工性

1. 材料的切削加工性

材料的切削加工性是指对某种材料进行切削加工的难易程度。一般包括：

1）在相同的切削条件下刀具有较高的使用寿命；或在一定的刀具使用寿命下，能够采用较高的切削速度。

2）在相同的切削条件下，切削力或切削功率小，切削温度低。

3）容易获得良好的表面加工质量。

4）容易控制切屑的形状或容易断屑。

2. 衡量切削加工性的指标

切削加工性的指标可以用刀具使用寿命、一定寿命的切削速度、切削力、切削温度、已加工表面质量，以及断屑的难易程度等来衡量。

多采用在一定的刀具使用寿命下允许的切削速度 v_T 作为指标。v_T 越高，表示材料的切削加工性越好。通常取 $T = 60\min$，则 v_T 写作 v_{60}。

一般以切削正火状态的 45 钢的 v_{60} 作为基准，用相对加工性指标 K_r 表示，即

$$K_r = v_{60} / (v_{60})_j \tag{3-1}$$

式中 v_{60}——某种材料其刀具使用寿命为 60min 时的切削速度；

$(v_{60})_j$——切削 45 钢，刀具使用寿命为 60min 时的切削速度。

常用材料的相对加工性 K_r 分为八级。若 $K_r > 1$，则该材料比 45 钢容易切削；若 $K_r < 1$，则该材料比 45 钢难切削。

3. 影响材料切削加工性的主要因素

影响材料切削加工性的主要因素有材料的物理力学性能、化学成分和金相组织等。

4. 难加工材料的切削加工性以及改善的基本方法

高锰钢加工硬化严重，塑性变形会使奥氏体组织变为细晶粒的马氏体组织，硬度急剧增大，造成切削困难。奥氏体不锈钢中的铬、镍含量较大，铬能提高不锈钢的强度及韧性，但使加工硬化严重，易粘刀。奥氏体不锈钢导热性差，切削温度高。

1）在材料中适当添加化学元素。在钢材中添加适量的硫、铅等元素，能够破坏铁素体的连续性，降低材料的塑性，使切削轻快，切屑容易折断，可大大改善材料的切削加工性。在铸铁中加入合金元素铝、铜等能分解出石墨元素，利于切削。

2）采用适当的热处理方法。例如，正火处理可以提高低碳钢的硬度，降低其塑性，以减少切削时的塑性变形，改善加工表面质量；球化退火可使高碳钢中的片状或网状渗碳体转化为球状，降低钢的硬度；对于铸铁，可采用退火来消除白口组织和硬皮，降低表层硬度，改善其切削加工性。

3）采用新的切削加工技术。采用加热切削、低温切削、振动切削等新的加工方法，可以有效地解决一些难加工材料的切削问题。

二、刀具材料

1. 刀具材料应具备的性能

1）高硬度。刀具材料的硬度必须高于工件材料的硬度，常温硬度须在 60HRC 以上。

2）高耐磨性。刀具材料应有较强的抗磨损能力。其耐磨性取决于材料的力学性能、化学成分和组织结构。

3）足够的强度和韧性。刀具材料应具有足够的强度和韧性，可以抵抗冲击及振动。强度用抗弯强度表示，韧性用冲击韧度表示。

4）高耐热性。高耐热性是指在高温下保持较高的硬度、耐磨性、强度和韧性的能力。用温度或高温硬度表示。

5）良好的导热性和工艺性。热导率越大，越有利于提高刀具的使用寿命；线胀系数小，则可减小热变形；为了便于制造，须有较好的可加工性，即切削加工性、可磨削性和热处理性能等。

2. 高速工具钢

高速工具钢按基本化学成分可分为钨系、钨钼系高速工具钢，按切削性能可分为普通高速工具钢和高性能高速工具钢，按制造方法可分为熔炼高速工具钢和粉末冶金高速工具钢。

高速工具钢是加入了 W、Mo、Cr、V 等合金元素的高合金工具钢。高速工具钢的抗弯强度较好，常温硬度为 $62 \sim 65HRC$，耐热性可达 600℃，可以制造刃形复杂的刀具，如钻头、成形车刀、拉刀和齿轮刀具等。

3. 硬质合金

硬质合金是由金属碳化物粉末和金属粘结剂经粉末冶金方法制成的。硬质合金是目前最主要的刀具材料之一。

根据 GB/T 18376.1—2008，常用的硬质合金牌号及用途见表 3-1。

表 3-1　常用的硬质合金牌号及用途

牌号	性能提高方向		应用范围
P01	耐磨性、切削速度 ↑	韧性、进给量 ↓	钢、铸钢的高速、小切屑截面，无振动条件下精加工
P10			钢、铸钢的高速、中小截面条件下的车削、仿形车削、车螺纹和铣削半精加工
P20			钢、铸钢、长切屑可锻铸铁的中等切速、中等切屑截面条件下的车削、仿形车削、铣削、小切屑截面的刨削半精加工
P30			钢、铸钢、长切屑可锻铸铁在中速切削条件下的半精加工和粗加工
P40			钢、含砂眼和气孔的铸钢件在低速切削、大切削角、大切削基面以及不利条件下的中、低速粗加工
M01	耐磨性、切削速度 ↑	韧性、进给量 ↓	不锈钢、铁素体钢、铸钢，高切削速度、小载荷，无振动条件下精车、精镗
M10			不锈钢、铸钢、锰钢、铸铁和合金铸铁、可锻铸铁中、高速条件下的车削加工
M20			锰钢、铸钢、不锈钢、合金钢、合金铸铁、可锻铸铁在中速条件下，中等切屑截面的车削、铣削加工
M30			锰钢、铸钢、不锈钢、合金钢、合金铸铁、可锻铸铁中速条件下，大切屑截面的车削、铣削加工
M40			锰钢、铸钢、不锈钢、合金钢、合金铸铁、可锻铸铁的车削、切断、强力铣削加工
K01	耐磨性、切削速度 ↑	韧性、进给量 ↓	铸铁、冷硬铸铁、短切屑可锻铸铁的高速精加工
K10			硬度高于 220HBW 的铸铁、短切屑可锻铸铁的精加工和半精加工
K20			硬度低于 220HBW 的灰铸铁、短切屑可锻铸铁在中等切速下、轻载荷粗加工、半精加工
K30			铸铁、短切屑可锻铸铁在不利条件下采用大切削角的低速粗加工
K40			铸铁、短切屑可锻铸铁在不利条件下采用低速、大进给量的粗加工
N01	耐磨性、切削速度 ↑	韧性、进给量 ↓	高切削速度下，铝、镁、铜、塑料、木材、玻璃等的精加工
N10			较高切削速度下，铝、镁、铜、塑料、木材、玻璃等的精加工或半精加工
N20			中等切削速度下，铝、镁、铜、塑料等的半精加工或粗加工
N30			中等切削速度下，铝、镁、铜、塑料等的粗加工
S01	耐磨性、切削速度 ↑	韧性、进给量 ↓	中等切削速度下，耐热钢和钛合金的精加工
S10			低切削速度下，耐热钢和钛合金的半精加工或粗加工
S20			较低切削速度下，耐热钢和钛合金的半精加工或粗加工
S30			较低切削速度下，耐热钢和钛合金的断续切削，适于半精加工或粗加工
H01	耐磨性、切削速度 ↑	韧性、进给量 ↓	低切削速度下，淬硬钢、冷硬铸铁的连续轻载精加工
H10			低切削速度下，淬硬钢、冷硬铸铁的连续轻载精加工、半精加工
H20			较低切削速度下，淬硬钢、冷硬铸铁的连续轻载半精加工、粗加工
H30			较低切削速度下，淬硬钢、冷硬铸铁的半精加工、粗加工

4. 其他刀具材料

（1）陶瓷　陶瓷有很高的硬度和耐磨性，耐热性可达1200℃以上，常温硬度达91～95HRA，化学稳定性好；但其抗弯强度低，韧性差。目前陶瓷主要分为复合氧化铝陶瓷和复合氮化硅陶瓷两种。

（2）金刚石　金刚石分为天然金刚石和人造金刚石两种。天然金刚石的质量好，但价格昂贵；人造金刚石是在高温、高压条件下，由石墨转化而成的，是碳的同素异形体。金刚石是目前最硬的物质（其硬度可达10000HV）。金刚石刀具既能胜任陶瓷、硬质合金等高硬度、非金属材料的切削加工，又可切削其他有色金属及其合金，使用寿命极高；但不适合切削铁族材料。

（3）立方氮化硼（CBN）　立方氮化硼是继人造金刚石之后出现的又一种超硬材料。它的特点是：其硬度仅次于人造金刚石（其硬度可达8000～9000HV），耐磨性好，热稳定性高，可耐1300～1500℃的高温。此外，具有良好的导热性和较小的摩擦因数。立方氮化硼刀具能以加工普通钢和铸铁的切削速度切削淬硬钢、冷硬铁、高温合金等，从而可大大提高生产率。当精车淬硬零件时，其加工精度与表面质量足以代替磨削。

5. 数控加工刀具材料的选择

数控加工刀具是指与数控机床配套使用的各种刀具的总称。它具有高效、高精度、高可靠性和专用化的特点。在数控高速切削时产生的切削热和对刀具的磨损要比普通速度切削时高得多，因此，数控高速切削使用的刀具材料与普通速度切削用的刀具材料有很大不同，对刀具材料有更高的要求，即：

1）强度高，刚性好。

2）精度高，抗振及热变形小。

3）互换性好，便于快速换刀。

4）切削性能稳定，使用寿命长。

目前，金刚石刀具、立方氮化硼刀具、陶瓷刀具和在具有比较好的冲击韧度的刀具材料基体上镀上高热硬性和耐磨性镀层的涂层刀具，以及超细晶粒硬质合金刀具、粉末冶金高速工具钢刀具已成为数控加工的主要刀具。

由于不同的刀具材料或同种刀具材料加工不同的工件材料时刀具寿命往往会存在很大差别，并且每一品种的刀具材料都有其最佳加工对象，因此，要求切削刀具材料与加工对象合理匹配，以获得最长的刀具使用寿命和最大的切削加工生产率。具体内容如下：

1）与工件材料的力学性能匹配主要是指刀具与工件材料的强度、韧性和硬度等力学性能参数要相匹配。例如，高硬度的工件材料必须用更高硬度的刀具来加工。具有优良高温力学性能的刀具尤其适合高速切削加工。

2）与工件材料的物理性能匹配主要是指刀具与工件材料的熔点、弹性模量、热导率、线胀系数和抗热冲击性能等物理性能参数要相匹配。例如，陶瓷刀具熔点高、线胀系数小，金刚石刀具线胀系数小，热导率为铜的2～6倍。加工导热性较差的工件时，应选用导热性较好的刀具材料，以便迅速从切削区传出切削热，降低切削温度。尺寸精度要求高的精加工刀具（如铰刀），应选用线胀系数小的刀具材料。

3）与工件材料的化学性能匹配主要是指刀具与工件材料的化学亲和性、化学反应、扩散和溶解等化学性能参数要相匹配。具有不同成分的刀具材料（如PCD、PCBN、陶瓷、硬质合金、高速工具钢等）所适合加工的工件材料有所不同，其主要表现在刀具磨损上。切削速度和切削温度较低时，刀具的磨损主要是机械磨损（磨粒磨损）；切削速度和切削温度较高时，化学磨损占主导地位。即刀具材料与工件材料的化学反应、材料中化学元素的扩散和溶解等因素对刀具磨损起主要作用。

4）数控刀具材料与工件材料的合理匹配。

① 铝合金：铝合金加工中常用的数控刀具材料有铝高速工具钢、K10 和 K20 等系列硬质合金。

② 普通钢：对于普通钢的数控切削，主要采用钴高速工具钢 M42、硬质合金和金属陶瓷等作为刀具材料。

③ 高强度钢、高温合金：高强度钢、高温合金在材料中所占的比例越来越大，加工此类零件的刀具，主要采用具有高强度、高韧性和高耐磨性的超细晶粒合金基体与 TiAlN 涂层组合的硬质合金材料，以及金属陶瓷材料来加工。

④ 钛合金：钛合金强度高，冲击韧度大，其加工硬化现象非常严重。在切削加工时会出现温度高、刀具磨损严重的现象。加工钛合金材料时，常选用 PCD 刀具及涂层硬质合金刀具材料。

⑤ 复合材料：复合材料主要采用 PCD 刀具及 PCD 涂层硬质合金作为刀具材料。

常用数控刀具材料与工件材料的匹配见表 3-2。

表 3-2　常用数控刀具材料所适合加工的工件材料

刀具	高硬钢	耐热合金	钛合金	镍基高温合金	铸铁	钢	硅铝合金	FRP 复合材料
PCD 刀具	×	×	★	×	×	×	★	★
PCBN 刀具	★	★	√	★	★	◎	◎	◎
陶瓷刀具	★	★	×	★	★	◎	×	×
涂层硬质合金刀具	√	★	★	◎	★	★	◎	◎
金属陶瓷	◎	×	★	×	★	★	◎	×

注：★——优，√——良，◎——尚可，×——不适合。

刀具涂层技术对刀具性能的改善和切削加工技术的进步起着非常重要的作用。在发达国家，目前硬质合金刀具已占据主导地位，其比例达 70%。而高速工具钢刀具正以每年 1% ~ 2% 的速度缩减，目前所占比例已降至 30% 以下。金刚石、立方氮化硼等超硬刀具所占的比例为 3% 左右。硬质合金切削刀具在我国也已成为加工企业所需的主力刀具，被广泛地应用在汽车及零部件生产、模具制造、航空航天等重工业领域。山特维克可乐满公司联合斯德哥尔摩皇家技术研究所、法国机械工业技术中心等共同制订了一项新的国际标准，即 ISO 13399《切削刀具数据的表达与交换》，旨在消除采集切削刀具信息时因术语差别而造成的局限。制造商可以将相关信息直接输入 PLM、CAD、CAM 和 CNC 仿真系统或刀具管理系统，通过快速访问所需要的刀具数据，加工车间就可以确定与最有效的刀具选择相匹配的最佳加工方案。

一般来讲，刀具的消耗只占单个零件生产总成本的 3% ~ 5%，但是通过优化刀具应用和工艺流程，却能为生产带来 15% 甚至是更多的成本节约。对于航空工业，经过调查，在选择刀具时可参考如下规则：

1）刀具材料的选用合适与否是进行高效加工的关键。选用时，必须考虑它们与工件材料的匹配性来合理选用，否则将事倍功半。如含 Ti 的不锈钢、钛合金就不适合选用 P 类硬质合金刀具，因为易造成刀具的粘结磨损。

2）数控加工过程中，粗加工的主要目标是在最短的时间内去除更多的材料，但对钛合金等难加工材料而言，传统刀具很难满足高效加工的要求。如高速工具钢刀具耐磨性太差，焊接镶片合金刀具因焊接技术问题易使刀片材料发生改变；整体合金刀具费用过高，韧性差等。在调查中，航空用户总结粗加工采用可转位玉米铣刀进行大切深、小进给的强力切削；精加工前使用插铣刀具对圆角进行加工，以保证精加工余量均匀；精加工过程中采用涂层硬质合金刀具，实现小切深、大进给的高速铣削（切削速度超过 120m/min）方式。

3）近年来，复合材料迅速发展，广泛用于航空航天领域。其中纤维增强树脂基复合材料、硬颗粒增强金属基复合材料的切削加工难度很大。在刀具的选择上，最好选用 PCD 金刚石刀具和 PCBN 刀具。

4）针对铝合金的加工特点，可选用具有高耐磨性的陶瓷、金刚石及立方氮化硼等超硬刀具。这些刀具非常适合于铝合金的高速加工。

三、切削液

1. 切削液的作用

（1）冷却作用　切削液能够降低切削温度，从而提高刀具的使用寿命和加工质量。

（2）润滑作用　进行金属切削时，切屑、工件和刀具间的摩擦可分为干摩擦、流体润滑摩擦和边界润滑摩擦三类。当形成流体润滑摩擦时，能有较好的润滑效果。金属切削过程大部分属于边界润滑摩擦。所谓边界润滑摩擦，是指流体油膜由于受较高载荷而遭受部分破坏，使金属表面局部相接触的摩擦方式。切削液的润滑性能与切削液的渗透性、形成润滑膜的能力及润滑膜的强度有着密切关系。

（3）清洗与缓蚀作用　切削液可以消除切屑，防止划伤已加工表面和机床导轨面。能在金属表面形成保护膜，起到缓蚀作用。

2. 切削液的种类及选用

切削液的种类及选用见表 3-3。

表 3-3　切削液的种类及选用

序号	名称	组　　成	主要用途
1	水溶液	硝酸钠、碳酸钠等溶于水的溶液，用 100～200 倍的水稀释而成	磨削
2	乳化液	1）少量矿物油，主要为表面活性剂的乳化油，用 40～80 倍的水稀释而成，冷却和清洗性能好	车削、钻孔
		2）以矿物油为主，少量表面活性剂的乳化油，用 10～20 倍的水稀释而成，冷却和清洗性能好	车削、攻螺纹
		3）在乳化液中加入极压添加剂	高速车削、钻削
3	切削油	1）矿物油（L-AN15 或 L-AN32 全损耗系统用油）单独使用	滚齿、插齿
		2）矿物油加植物油或动物油形成混合油，润滑性能好	精密螺纹车削
		3）矿物油或混合油中加入极压添加剂形成极压油	高速滚齿、插齿、车螺纹
4	其他	液态的 CO_2	主要用于冷却
		二硫化钼＋硬脂酸＋石蜡做成蜡笔，涂于刀具表面	攻螺纹

四、刀具合理几何参数的选择

在保证加工质量的前提下，能使刀具使用寿命达到最高的几何参数称为刀具的合理几何参数。

1. 前角的功用及选择

增大前角能减小切屑变形和摩擦，降低切削力、切削温度，减小刀具磨损，抑制积屑瘤和鳞刺的生成，改善加工表面质量。

前角过大会削弱切削刃的强度和散热能力，使刀具磨损加剧，导致刀具使用寿命缩短。

选择前角的原则如下：

1）工件材料的强度、硬度低，塑性大，前角数值应取大些，可减小切屑变形，降低切削温度。加工脆性材料时，应选取较小的前角，因变形小，刀具与切屑的接触面小。

2）刀具材料的强度和韧性好，则应选用较大的前角。如高速工具钢刀具可采用较大前角。

3）粗切时，为增强切削刃强度，前角取小值。工艺系统刚性差时，前角应取大值。

2. 后角的功用及选择

增大后角能减少后刀面与过渡表面间的摩擦，还可以减小切削刃圆弧半径，使刃口锋利。但后角过大会减小切削刃强度和散热能力。

后角主要根据切削层公称厚度 h_D 选取。

粗切时，进给量大，切削层公称厚度大，应取小值；精切时，进给量小，切削层公称厚度小，应取大值，可延长刀具使用寿命和提高已加工表面质量。

当工艺系统刚性较差或使用有尺寸精度要求的刀具时，取较小的后角。工件材料的强度、硬度越大，后角应取小值。

3. 刃倾角的选择

选择刃倾角时主要根据切削条件和系统刚性。精切时，$\lambda_s = 0° \sim +5°$；粗切时，$\lambda_s = 0° \sim -5°$。工艺系统刚性不足时，取正值刃倾角。

4. 主偏角和副偏角的功用及选择

主偏角主要影响切削层截面的形状和几何参数，影响背向力 F_p 与进给力 F_f 的比例以及刀具的使用寿命，并和副偏角一起影响已加工表面的表面粗糙度。副偏角越小，则工件表面的残留面积越小，表面粗糙度 Ra 值越小。

加工工艺系统的刚性不足时，应选用较大的主偏角。

粗加工时，一般选用较大的主偏角（$\kappa_r = 60° \sim 75°$），以利于减少振动，延长刀具的使用寿命。

加工强度、硬度高的材料，如系统刚性较好，则应选用较小的主偏角。

在不影响摩擦和不产生振动的条件下，可选取较小的副偏角。外圆车刀的副偏角一般为 $5° \sim 15°$。

五、切削用量的选择

切削用量与刀具使用寿命的关系为

$$T = \frac{C_T}{v_c^{1/m} f^{1/n} a_p^{1/p}} \tag{3-2}$$

根据实验结果，$1/m > 1/n > 1/p$。这说明在 v_c、f、a_p 三者之中，切削速度对刀具使用寿命得影响最大，进给量次之，背吃刀量影响最小。

另外，生产率可用单位时间内的金属切除量 Q_z 表示，即

$$Q_z = v_c f a_p \qquad (3\text{-}3)$$

由此可见，除提高切削速度外，也可以增大进给量及背吃刀量来达到提高生产率的目的。当然同时还应保证合理的刀具使用寿命。

刀具使用寿命选得过高，则切削用量被限制在很低的水平，虽然此时刀具的消耗及刃磨费用较少，但过低的加工效率会使经济效果变得很差。反之，如把刀具使用寿命选得过低，虽可采用较高的切削用量使金属切除率有所提高，但由于刀具磨损加快而使换刀、磨刀的工时及费用显著增加，同样达不到高效率、低成本的要求。

选择切削用量的原则是：在机床、工件、刀具强度和工艺系统刚性允许的条件下，首先选择尽可能大的背吃刀量，其次根据加工条件和要求选用所允许的最大进给量，最后再根据刀具的使用寿命要求选择或计算合理的切削速度。

生产单位结合生产的具体情况，对切削用量进行优化选择时可遵循以下原则：

1）最低成本原则。以最低成本制造一件产品。在单件成本一定时，它与最大利润标准是一致的。当生产时间充裕时，可采用此原则。

2）最大利润原则。通过减少单件生产时间，并在生产成本上做出一些牺牲，以生产和销售大量产品。这样会比按最低成本标准生产获得更大的总利润。当市场需求大于生产能力时，推荐采用该原则。

3）最大生产率或最少时间原则。该原则力求使单位时间内制造的产品数量最多，使生产每件产品的生产时间减至最少。

在激烈的市场竞争中，产品更新速度很快。对于一个企业而言，时间决定效益，要想在竞争中占有优势，就要在很短时间内生产出满足客户要求的产品。因此，以最少的时间作为切削用量优化标准更具有实用价值。

第三节 习 题

一、思考题

1. 选择切削用量的原则是什么？什么是最低成本原则？

2. 数控加工刀具材料的特点是什么？

3. 硬质合金刀具材料主要有哪几种?

4. 金刚石刀具和立方氮化硼刀具的使用范围有哪些?

5. 衡量切削加工性的指标有哪些?

6. 切削液的主要作用有哪些? 切削液有哪些种类?

7. 简述前角的功用及选择原则。

8. 简述后角的功用及选择原则。

二、计算题

在 CA6140 型车床上粗车、半精车调质 45 钢轴，材料的抗拉强度 $\sigma_b = 0.681\text{GPa}$，硬度为 $200 \sim 230\text{HBW}$，毛坯长 400mm，直径为 $\phi90\text{mm}$，半精车后直径为 $\phi80\text{mm}$，表面粗糙度值 Ra 为 $3.2\mu\text{m}$，刀杆截面尺寸为 $16\text{mm} \times 25\text{mm}$，刀具切削部分的几何参数为：$\gamma_o = 10°$，$\alpha_o = 6°$，$\kappa_r = 45°$，$\kappa_r' = 10°$，$\lambda_s = 0°$，$r_\varepsilon = 0.5\text{mm}$（CA6140 型车床纵向进给机构允许的最大作用力为 3500N）。试选择粗车和半精车的切削用量。

第四章 磨 削

第一节 基本内容及学习要求

一、基本内容

用磨具以较高的线速度对工件表面进行加工的方法称为磨削。磨削是零件精加工的主要方法之一，在现代零件加工中得到广泛的应用。本章主要内容包括：砂轮的特性与选择，磨削运动及磨削过程，磨削力、磨削功率及磨削温度，先进的磨削方法。

二、学习要求

1）了解砂轮的基本组成和选择砂轮的原则，掌握磨料、粒度、硬度、组织等基本概念。

2）了解磨削运动的特点，掌握磨削过程。

3）了解磨削力、磨削功率的计算，掌握磨削温度对加工质量的影响和避免磨削烧伤的方法。

4）了解几种先进的磨削技术。

第二节 重点、难点分析及学习指导

一、砂轮的特性与选择

砂轮由磨料和结合剂构成。磨料与结合剂之间有许多空隙，起散热的作用。砂轮的特性包括磨料、粒度、结合剂、硬度、组织、形状和尺寸等方面。

1. 磨料

磨料是砂轮的主要成分，直接负责切削工作。磨料应具有高硬度、高耐热性和一定的韧性。常用的磨料可分为刚玉类、碳化硅类和高硬磨料三类。

2. 粒度

粒度是指磨料颗粒尺寸的大小，分为磨粒和微粉。磨粒以每平方英寸的网眼数来表示，粒度号越大，磨粒越细。微粉则以颗粒的实际尺寸进行分级，数字越小，微粉越细。

3. 硬度

砂轮的硬度是指砂轮工作时，磨料自砂轮上脱落的难易程度。砂轮硬表示磨粒难脱落，砂轮软表示磨粒易脱落。一般情况下，加工硬度大的金属应选用软砂轮，加工软金属应选用硬砂轮。粗磨时，选用软砂轮；精磨时，选用硬砂轮。

4. 结合剂

结合剂是把磨粒粘结在一起组成磨具的材料。常用的结合剂有陶瓷结合剂、树脂结合剂、橡胶结合剂和金属结合剂。

5. 组织

砂轮的组织是指组成砂轮的磨料、结合剂、空隙三部分体积的比例关系。通常以磨粒所占砂轮的百分比来分级。

6. 形状和尺寸

砂轮的形状和尺寸是根据磨床类型、加工方法及工件的加工要求来确定的。砂轮的特性均标记在砂轮的侧面上，其顺序是：形状代号、尺寸、磨料、粒度号、硬度、组织号、结合剂和允许的最高线速度。

二、磨削运动及磨削过程

1. 磨削运动

（1）主运动 主运动是指砂轮的旋转运动。磨削速度即为砂轮外圆的线速度。

$$v = \frac{\pi d_0 n_0}{1000 \times 60} \tag{4-1}$$

式中 v——磨削速度（m/s）；

d_0——砂轮直径（mm）；

n_0——砂轮转速（r/min）。

普通磨削速度 $v = 30 \sim 35 \text{m/s}$，当 $v > 45 \text{m/s}$ 时，称为高速磨削。

（2）径向进给运动 径向进给运动是指砂轮径向切入工件的运动。工作台每双（单）行程内工件相对砂轮径向移动的距离称为径向进给量，记为 f_r，单位为 mm/（d·str）。

（3）轴向进给运动 轴向进给运动是指工件相对于砂轮的轴向运动。以轴向进给量表示，记为 f_a。其单位为 mm/r（圆磨削）、mm/（d·str）（平磨）。一般 $f_a = （0.2 \sim 0.8）B$，B 为砂轮宽度。

（4）工件运动 工件运动是指工件的旋转或移动，以工件转（移）动线速度表示，记为 v_w，其单位一般为 m/min。

外圆磨削时：

$$v_w = \frac{\pi d_w n_w}{1000 \times 60} \tag{4-2}$$

式中 d_w——工件直径（mm）；

n_w——工件转速（r/min）。

平面磨削时：

$$v_w = \frac{2L n_r}{1000} \tag{4-3}$$

式中 L——磨床工作台的行程长度（mm）；

n_r——磨床工作台每分钟的往复次数（1/min）。

2. 磨削过程

磨削是用分布在砂轮表面上的磨粒，通过砂轮和被磨工件的相对运动来进行切削的。

（1）磨屑的形成过程 砂轮表面的磨粒在切入工件时，其作用大致可分为三个阶段。

1）滑擦阶段。磨粒开始与工件接触，切削厚度由零逐渐增大。由于切削厚度较小，而磨粒切削刃的钝圆半径及负前角又很大，磨粒沿工件表面滑行并产生强烈的挤压摩擦，使工件表面材料产生弹性及塑性变形，工件表层产生热应力。

2）刻划阶段。随着切削厚度的增大，磨粒与工件表面的摩擦和挤压作用加剧，磨粒开始切入工件，使工件材料因受挤压而向两侧隆起，在工件表面形成沟纹或划痕。此时除磨粒与工件间相互摩擦外，更主要的是材料内部发生摩擦，工件表层不仅有热应力，而且有由于弹、塑性变形所产生的变形应力。此阶段将影响工件表面粗糙度及产生表面烧伤、裂纹等缺陷。

3）切削阶段。当切削厚度继续增大至一定值时，磨削温度不断升高，挤压力大于工件材料的强度，使被切材料明显地沿剪切面滑移而形成切屑，并沿磨粒前刀面流出。工件表面也产生热应力和变形应力。

（2）磨粒的切削厚度　磨粒平均最大切削厚度（单位为 mm）为

$$a_{\text{cgmax}} = \frac{\overline{CD}}{\overline{AB}m}$$

经数学推导有

$$a_{\text{cgmax}} = \frac{2v_w f_a}{vmB} \sqrt{f_r \left(\frac{1}{d_0} + \frac{1}{d_w} \right)} \qquad (4\text{-}4)$$

式中　v、v_w——砂轮、工件的线速度（m/s）；

　　　　m——砂轮每毫米圆周上的磨粒数（1/mm）；

　　　　f_r——径向进给量（mm/r）；

　　　　f_a——横向进给量（mm/r）；

　　d_0、d_w——砂轮、工件的直径（mm）；

　　　　B——砂轮宽度（mm）。

由式（4-4）定性分析可知：

1）v_w、f_a 和 f_r 增大时，a_{cgmax} 相应增大，生产率提高。但磨削力和磨削热增加，砂轮磨损加剧，且工件表面质量较差。

2）m 值增大，则 a_{cgmax} 减小，所以为了提高工件表面质量，宜选用粒度细的砂轮。

3）v、d_0 和 B 增大时，a_{cgmax} 减小，工件表面质量将得到提高。

三、磨削力、磨削功率及磨削温度

1. 磨削力的主要特征及计算

磨削力有如下特征：

1）径向磨削力 F_y 最大。

2）轴向磨削力 F_x 很小，一般可以不必考虑。

3）磨削力随不同的磨削阶段而变化。

磨削力的计算公式为

$$F_z = 9.81 \left[C_F (v_w f_r B / v) + \mu F_y \right] \qquad (4\text{-}5)$$

$$F_y = 9.81 C_F \frac{\pi}{2} (v_w f_r B / v) \tan \alpha \qquad (4\text{-}6)$$

式中　F_z、F_y——切向和径向磨削力（N）；

　　　　v_w、v——工件和砂轮的线速度（m/s）；

f_r——径向进给量（mm/r）；

B——磨削宽度（mm）；

α——假设磨粒为圆锥时的锥顶半角；

C_F——切除单位体积的切屑所需的能（kJ/mm³）；

μ——工件和砂轮间的摩擦因数。

2. 磨削功率的计算

磨削功率（单位为 kW）的计算公式为

$$P_m = \frac{F_z}{1000} \tag{4-7}$$

式中 F_z——砂轮的切向力（N）；

v——砂轮的线速度（mm/s）。

3. 磨削温度

（1）磨削烧伤的产生和实质 磨削加工时，磨粒的切削、刻划和滑擦作用使得工件表面层有很高的温度，会使已淬火的钢件表面层的金相组织发生变化，从而使表面层的硬度下降，严重影响零件的使用性能，同时表面呈现氧化膜颜色，这种现象称为磨削烧伤。磨削烧伤的实质是材料表面层的金相组织发生变化。

（2）磨削烧伤的表现形式 磨削烧伤的主要表现形式为退火烧伤、淬火烧伤、回火烧伤。

（3）影响磨削烧伤的工艺因素

1）磨削用量。影响最大的磨削用量是砂轮的线速度 v 和径向进给量 f_r。当 v 和 f_r 较小时，不易出现烧伤。

2）冷却方法。加大冷却剂流量和采用喷雾冷却、高压冷却等加速热量的传出，降低磨削区温度，可以有效地避免烧伤现象。

3）砂轮接触长度。砂轮与工件的接触长度大，易堵塞且不易冷却，容易出现烧伤。

四、先进的磨削方法

1. 高精度、低表面粗糙度值磨削

这种磨削方法具有以下特点：

1）磨削工件的表面粗糙度 Ra 值应在 0.4μm 以下。

2）砂轮要精细修整，使砂轮表面上的磨粒形成等高的微小切削刃，即保持磨粒的微刃性和等高性。

3）磨削时采用很小的横向进给量（0.005 ~ 0.025mm/r）及较低的磨削速度（15 ~ 30m/s），并在磨削后期进行若干次光磨行程。

2. 高效磨削

以提高磨削生产率为主要目标的磨削加工称为高效磨削。

常见的高效磨削方法有高速磨削和缓进给磨削。

3. 砂带磨削

砂带磨削是指用砂带代替砂轮的一种磨削方式。

第三节 习 题

一、思考题

1. 什么是砂轮硬度？如何正确选择砂轮硬度？

2. 磨粒的粒度是如何规定的？试说明砂轮粒度的选择原则。

3. 为什么磨削时的径向分力 F_y 大于切向分力 F_z？

4. 高精度低表面粗糙度值磨削与普通磨削相比的特点是什么？

5. 什么是回火烧伤？为什么磨削加工容易产生烧伤？

二、选择题

1. 磨削硬质合金材料时，宜选用（　　）磨料的砂轮。

A. 棕刚玉　　　　　B. 白刚玉　　　　　C. 黑碳化硅　　　　　D. 绿碳化硅

2. 磨削区温度是砂轮与工件接触区的平均温度，一般为 500~800℃，它影响（　　）。

A. 工件的形状和尺寸精度

B. 磨削刃的热损伤，砂轮的磨损、破碎和粘附等

C. 磨削烧伤和磨削裂纹的产生

D. 加工表面变质层、磨削裂纹以及工件的使用性能

3. 磨削加工的公差等级一般可以达到（　　）。

A. IT8~IT7　　　　B. IT6~IT5　　　　C. IT4~IT3　　　　D. IT2~IT1

4. 磨削加工中必须大量使用切削液，其主要作用是（　　）。

A. 散热　　　　　　　　　　　　　B. 消除空气中的金属微尘和砂粒粉末

C. 冲洗工件表面　　　　　　　　　D. 冲洗砂轮的工作表面

5. 在磨削过程中，砂轮的磨粒会逐渐变钝，这就导致切削力增大，以致磨粒脱落或部分破碎，重新露出锋利刃口，恢复切削能力。砂轮的这一特性称为（　　）。

A. 自砺性　　　　　B. 硬度　　　　　　C. 精度　　　　　　D. 组织

6. 粒度粗、硬度大、组织疏松的砂轮适合于（　　）。

A. 精磨　　　　　　B. 硬金属的磨削　　C. 软金属的磨削　　D. 脆性金属的磨削

7. 为了减小磨削表面粗糙度值，磨削用量应取（　　）。

A. 高的砂轮速度　　B. 高的工件速度　　C. 小的纵向进给量　D. 小的磨削深度

8. 在砂轮结合剂中，强度最高，导热性好，但自锐性差的是（　　）。

A. 陶瓷　　　　　　B. 树脂　　　　　　C. 橡胶　　　　　　D. 金属

9. 下面不属于砂轮组织的是（　　）。

A. 磨料　　　　　　B. 粒度　　　　　　C. 结合剂　　　　　D. 空隙

10. 对磨粒磨削点温度影响最大的因素是（　　）。

A. 砂轮速度　　　　B. 工件速度　　　　C. 砂轮径向进给量　D. 砂轮轴向进给量

三、判断题

1. 磨削硬材料应选择较硬的砂轮。（　　）

2. 磨削是利用砂轮表面上由结合剂刚性支承着的极多微小磨粒切削刃进行的切削加工。（　　）

3. 磨削时砂轮表面的微小磨粒切削刃的几何形状是不确定的，且通常有较大的前角和刃口楔角。（　　）

4. 磨削区温度影响工件的形状和尺寸精度。（　　）

5. 控制与降低磨削温度，是保证磨削质量的重要措施。（　　）

6. 磨粒磨削点温度是引起磨削刃的热损伤、砂轮的磨损、破碎和粘附等现象的重要因素。（　　）

7. 工件平均温度与磨削烧伤和磨削裂纹的产生有密切关系。（　　）

8. 磨削只用于机械加工的最后一道精加工或光整加工工序。（　　）

9. 在初磨阶段，磨削力的变化为由小变大。（　　）

10. 砂轮硬度是指磨粒的软硬程度。（　　）

四、填空题

1. 磨削是指用_____以较高的线速度对工件表面进行加工的方法。

2. 砂轮是由_____和_____构成的。

3. 粒度可分为_____和_____两类。

4. 砂轮表面的磨粒在切入工件时，其作用大致可分为三个阶段。它们分别是_____、_____和_____。

5. 磨削烧伤的表现形式主要是_____、_____和_____。

6. 在磨削用量中，影响磨削烧伤的最大因素是_____。

7. 砂轮的组织是指组成砂轮的_____、_____、_____三部分体积的比例关系。

8. 磨削运动一般有四个运动，它们分别是_____、_____、_____、_____。

9. 影响磨削烧伤的工艺因素有：_____、_____、_____。

10. 常见高效磨削的两种方法是：_____、_____。

第五章 车 床

第一节 基本内容及学习要求

一、基本内容

本章主要介绍了车床的用途和分类，CA6140 型卧式车床的工艺范围、主要技术性能、传动系统、典型结构，以及常用车刀的种类、用途和典型结构等内容。

二、学习要求

1）了解车床的用途、运动以及分类。

2）了解 CA6140 型卧式车床的工艺范围、布局及组成、主要技术性能等。

3）掌握机床传动系统的分析方法，能分析 CA6140 型卧式车床的主传动系统，以及加工各种制式螺纹时车床的进给传动系统。

4）了解 CA6140 型卧式车床的典型结构。

5）了解其他车床及车削刀具的用途及特点。

第二节 重点、难点分析及学习指导

一、概述

1. 车床的用途

车床是用车刀进行切削加工的机床，主要用于加工零件的各种回转表面，如内、外圆柱表面，内、外圆锥表面，成形回转表面以及回转体的端面等。还可以使用各种孔加工刀具（如钻头、铰刀等）进行孔加工或者使用镗刀加工较大的内孔表面。

2. 车床的运动

车床依靠车刀和工件之间的相对运动来形成被加工零件的表面。其运动包括表面成形运动（即工件的旋转运动和刀具的直线运动）和辅助运动。

3. 车床的分类

为了适应不同的加工要求，车床分为传统的普通车床和数控车床。普通车床的种类很多，其结构和用途是不同的。

二、CA6140 型卧式车床及传动系统

1. 机床的工艺范围

卧式车床是各类机床中使用最为广泛的一种通用机床，并且在其加工工艺范围、传动和结构上都具有很高的代表性和典型性。

CA6140 型卧式车床的工艺范围很广，能进行各种表面的加工。CA6140 型卧式车床为普通精度级，通用性较大，但结构较复杂，自动化程度较低。

2. 机床的布局与组成

卧式车床主要加工轴类和直径不太大的盘类、套类零件，主轴水平安装，刀具在水平面

内作纵向、横向进给运动。

机床的主要组成部件有：主轴箱、进给箱、溜板箱、刀架、尾座和床身等。

3. CA6140 型卧式车床的传动系统

CA6140 型卧式车床的传动系统包括主运动传动系统和进给运动传动系统。主运动传动系统传动链的两末端件是主电动机和主轴，其功用是把动力源的运动及动力传给主轴，使主轴带动工件按规定的转速旋转，实现主运动。进给运动传动系统传动链的两末端件是主轴和刀架，其功用是使刀架实现纵向和横向移动及变速与换向。

传动系统的主要分析方法是"抓两端，连中间"，即抓住传动系统的两端件。主运动传动系统的两端件一般为动力源和主轴，进给运动传动系统的两端件一般为主轴和刀架。然后分析运动从动力源（或主轴）依运动的传动顺序传递到主轴（或刀架）的方式，从而写出运动的传动路线表达式。

在分析主运动传动系统传动链时，要结合双向片式离合器 M_1 的结构和工作原理来分析 CA6140 型卧式车床的主轴实现正反转换向的工作原理。

在分析进给运动传动系统传动链时，要注意在加工不同制式的螺纹时，牙嵌离合器 M_3 ~ M_5 的不同工作状态。

三、CA6140 型卧式车床主要结构

1. 主轴箱

CA6140 型卧式车床的主轴箱内有：主轴部件、主传动变速及操纵机构、离合器及制动器、主轴到交换齿轮间的传动与换向机构以及润滑装置等。

2. 进给箱

CA6140 型卧式车床的进给箱由变换螺纹导程和进给量的变换机构（基本组和增倍组）、变换螺纹种类的移换机构、丝杠和光杠的转换机构等组成。

3. 溜板箱

溜板箱内有开合螺母机构、纵向和横向机动进给传动及操纵机构、螺纹进给与机动进给间的互锁机构，以及超越离合器和安全离合器等安全保险机构等。

四、其他通用车床

1. CG6125B 型高精度车床

CG6125B 型高精度车床是精加工车床，广泛用于加工仪器、仪表及精密机械制造中的高精度、低表面粗糙度值的零件。

2. 立式车床

立式车床的主轴垂直安装，工作台面处于水平平面内，便于装夹加工大而重的工件，而且工件和工作台的重量可均匀地作用在工作台导轨或推力轴承上，没有倾覆力矩，能长期保持机床的工作精度。因此，立式车床适于加工质量较大的零件。

五、车床刀具

1. 车刀的种类和用途

车刀是金属切削加工中应用最广泛的刀具，可以用来加工外圆、内孔、端面、螺纹，也可以用于切槽和切断等。因此，车刀在形状、结构尺寸等方面各不相同，类型很多。

2. 常用车刀的结构

常用的车刀结构有整体式结构、焊接式结构以及机夹可转位式结构三种。另外成形车刀

有平体式成形车刀、棱体式成形车刀和圆体式成形车刀三种。

第三节 习 题

一、思考题

1. 车床的用途有哪些？主要用于加工哪些类型的工件表面？

2. 车床的运动有哪些？各有什么作用？

3. CA6140 型卧式车床主要有哪些组成部件？各有什么功用？

4. CA6140 型卧式车床溜板纵向移动为何采用光杠和丝杠传动？可否单独设置丝杠或光杠？

5. 在 CA6140 型卧式车床传动系统中共有八个离合器（$M_1 \sim M_8$），分别说明每个离合器的作用。

6. 常用车刀有哪些种类？各有什么用途？

7. 成形车刀有哪几类？各有什么特点？

二、论述题

1. CA6140 型卧式车床主轴前轴承的径向间隙是如何调整的？

2. 分析 CA6140 型卧式车床主轴箱中Ⅱ轴和Ⅲ轴上滑移齿轮操纵机构的工作原理。

3. 分析 CA6140 型卧式车床溜板箱中纵向、横向进给操纵机构的工作原理及其互锁是如何实现的?

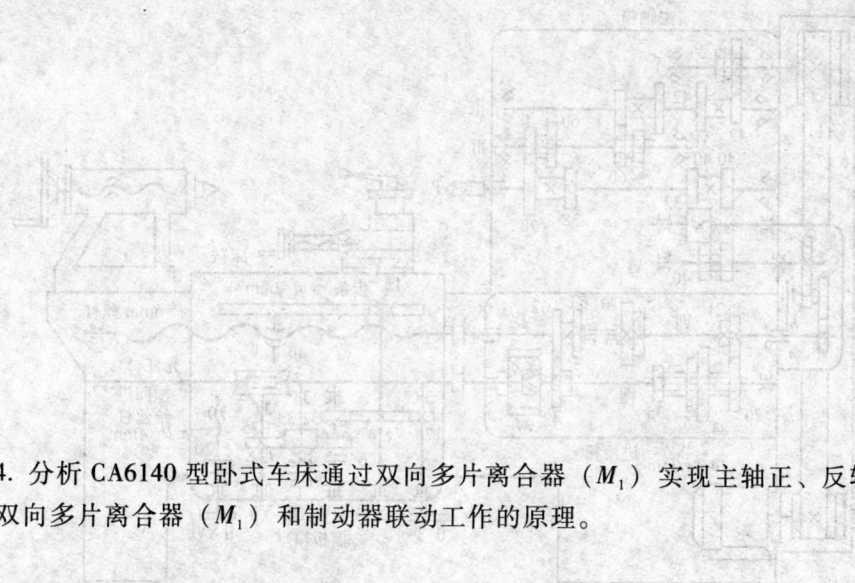

4. 分析 CA6140 型卧式车床通过双向多片离合器（M_1）实现主轴正、反转的工作原理，以及双向多片离合器（M_1）和制动器联动工作的原理。

5. 分析 CA6140 型卧式车床主轴箱轴Ⅰ上卸荷带轮的工作原理。最终带轮的径向力作用在了哪些部件上？

三、计算题

1. 分析某卧式车床的传动系统（图 5-1），写出主运动传动路线表达式和进给运动传动路线表达式，分析主运动传动系统的传动级数，计算主轴的最高转速 n_{max} 和最低转速 n_{min}。

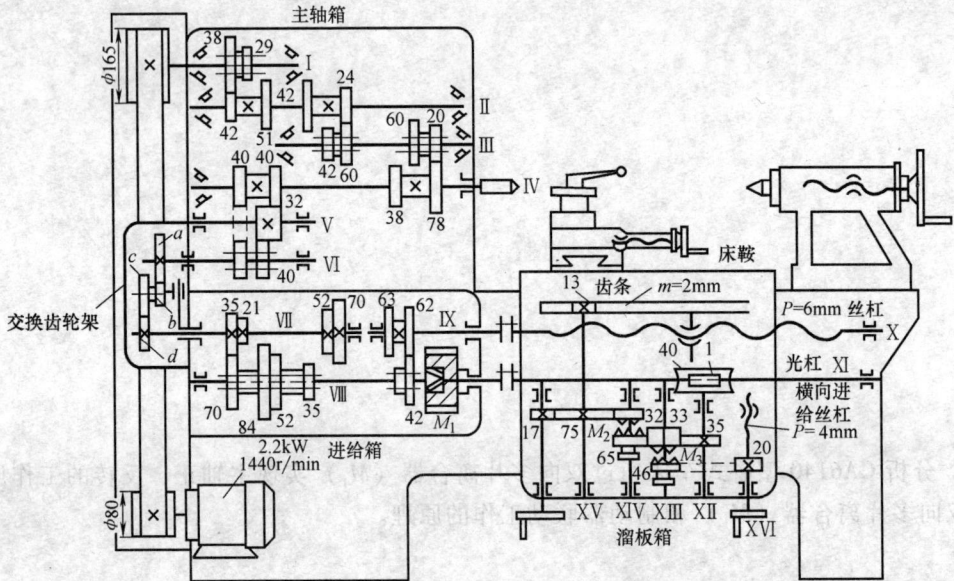

图 5-1　某卧式车床传动系统图

2. 根据 CA6140 型卧式车床的传动系统图，分析 CA6140 型卧式车床车削米制螺纹的进给传动路线。分别写出加工导程为 2.25mm 和 80mm 的标准米制螺纹的运动平衡式。

3. 分析图 5-2 所示的某机床主传动系统，写出传动路线表达式；分析主轴的传动级数；计算主轴的最高、最低转速。

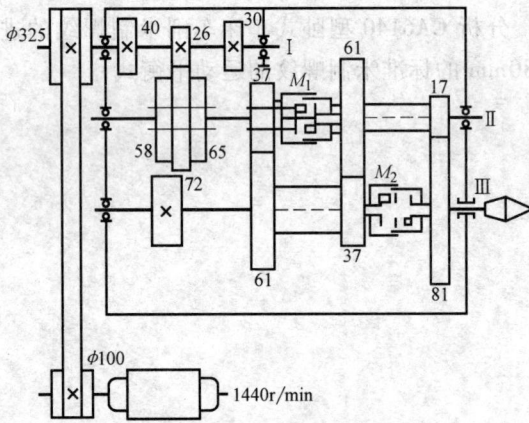

图 5-2　某机床主传动系统

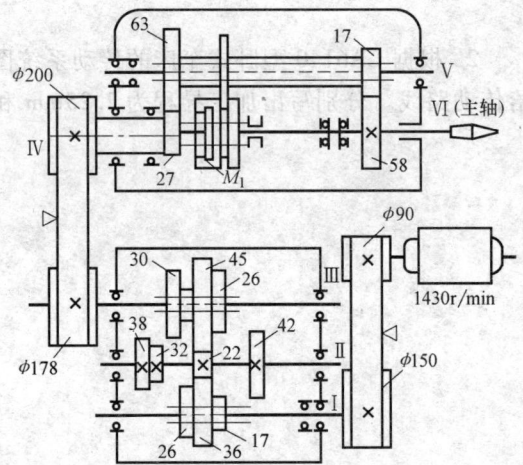

图 5-3　某机床主传动系统

4. 图 5-3 所示为某机床的主传动系统，写出传动路线表达式，列式并计算主轴传动级数和主轴最高、最低转速（图中 M_1 为齿形离合器）。

5. 如图 5-4 所示，计算：轴 I 的转速 n_{I}；当 $n_{I} = 1r/\min$ 时，轴 II 的转速 n_{II}；当轴 II 旋转一周时，螺母的移动距离。

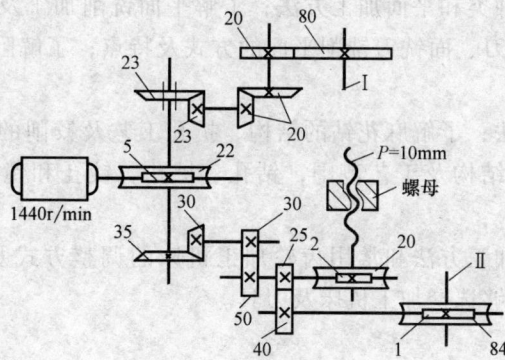

图 5-4　某机床传动系统

第六章　其他机床及典型加工方法

第一节　基本内容及学习要求

一、基本内容
本章主要介绍铣床、钻床、镗床、磨床、齿轮加工机床等内容。
二、学习要求
1）熟悉常用机床的种类和平面加工方法；了解平面铣削加工及铣削要素、常用铣刀的类型及功用；熟悉圆柱铣刀、面铣刀铣削平面的方式及特点；了解卧式升降台式铣床的调整方式及应用范围。

2）熟悉孔的加工方法；了解麻花钻的结构、扩孔工艺及铰削的实质、镗削工艺过程及特点；了解钻床、镗床的结构及工艺范围，钻孔、扩孔、铰孔和镗孔的工艺特点及应用范围。

3）了解常用的齿轮加工方法和常用齿轮加工机床的调整方式及应用范围，掌握平面、孔及齿轮的加工方法，能够选择加工机床及刀具。

第二节　重点、难点分析及学习指导

一、铣床
铣床是一种用途广泛的机床。它可以加工平面、沟槽、螺旋形表面以及齿轮，还可以加工回转体表面、内孔以及进行切断工作等。铣削加工生产率高，精铣加工的表面粗糙度值 Ra 可达 $1.6 \sim 3.2 \mu m$，两平行平面之间的尺寸公差等级可达 IT7～IT9，直线度误差可达 $0.08 \sim 0.12mm/m$。

铣刀一般是刀齿分布在旋转表面上或端面上的多齿刀具，每一个刀齿相当于一把车刀，切削规律与车刀相似，但铣削为断续切削，靠铣刀或工件移动完成平面或曲面的加工，在加工过程中，切削厚度和切削面积随时发生变化。

加工平面的铣刀主要有圆柱铣刀和面铣刀两种，加工沟槽的铣刀最常用的有三面刃铣刀、立铣刀、键槽铣刀及角度铣刀等四种。

用圆柱铣刀加工平面的方法称为周铣法，用面铣刀加工平面的方法称为端铣法。

周铣法有逆铣和顺铣两种铣削方式，铣刀主运动方向与进给运动方向之间的夹角为锐角时称为逆铣，为钝角时称为顺铣。

逆铣时，刀齿的切削厚度由零逐渐增加，刀齿切入工件时切削厚度为零，由于切削刃钝圆半径的影响，刀齿在已加工表面上划擦一段距离后才能真正切入工件，因而刀齿磨损快，加工表面质量较差；顺铣则无此现象。实践证明，顺铣时铣刀寿命比逆铣高 2～3 倍，加工表面质量也比较好，但顺铣不宜铣削带硬皮的工件。

顺铣时，铣削力的垂直分力指向工作台，因此工件所需的夹紧力较小，但其水平分力与工件进给方向相同，由于机床进给传动机构中存在一定的间隙，因此应注意防止出现进给量不稳定、打刀等现象。

铣床的主要类型有：卧式升降台式铣床、立式升降台式铣床、龙门铣床、工具铣床、数控铣床和各种专门化铣床。

二、钻床

钻床一般用于加工直径不大、精度不高的孔，主要是用钻头在实体材料上钻出孔来。钻孔直径一般在 0.1 ~ 80mm。此外，还可在钻床上进行扩孔、铰孔、攻螺纹孔等加工。加工时，工件（通过夹具或压板）被夹持在钻床工作台上，刀具作旋转主运动，同时沿轴向作直线进给运动。

钻削加工的公差等级较低，一般只能达到 IT10，表面粗糙度 Ra 值为 6.3 ~ 12.5μm。钻削后可进行扩孔、铰孔等半精加工和精加工。铰孔的公差等级一般为 IT6 ~ IT7，表面粗糙度 Ra 值为 0.4 ~ 1.6μm。

麻花钻是最常用的孔加工刀具，一般用于实体材料上孔的粗加工。钻孔的公差等级为 IT11 ~ IT13，表面粗糙度 Ra 值为 12.5 ~ 50μm。麻花钻由柄部、颈部和工作部分组成。钻头的工作部分包括切削部分和导向部分。导向部分有两条螺旋槽和两条棱边，螺旋槽起排屑和输送切削液的作用，棱边起导向、修光孔壁的作用。导向部分有微小的倒锥度，从前端到尾部每 100mm 长度上直径减小 0.03 ~ 0.12mm，以减少与孔壁的摩擦。切削部分由两条主切削刃、两条副切削刃和一条横刃及两个前刀面和两个后刀面组成。

扩孔钻是用来对工件上已有孔进行扩大加工的刀具。扩孔后，孔的公差等级可达 IT9 ~ IT10，表面粗糙度 Ra 值可达 3.2 ~ 6.3μm。

铰刀是一种半精加工或精加工孔的常用刀具，铰刀齿数多（4 ~ 12 个齿），加工余量小，导向性好，刚性大。铰孔后孔的公差等级可达 IT7 ~ IT9，表面粗糙度 Ra 值达 0.4 ~ 1.6μm。

钻床主要分为台式钻床、立式钻床、摇臂钻床、深孔钻床、其他钻床（如中心孔钻床）等。

三、镗床及磨床

镗床主要用于加工工件上已有的铸造孔或加工孔后的后续加工，常用于加工尺寸较大及精度较高的场合，特别适于加工分布在不同表面上、孔距尺寸精度和位置精度都要求十分严格的孔系。镗削加工的经济精度一般为 IT6 ~ IT7，表面粗糙度 Ra 值为 0.8 ~ 6.3μm。

镗刀的种类很多，根据其结构特点及使用方式可分为单刃镗刀和双刃镗刀等。

镗床可分为卧式镗床、坐标镗床和金刚镗床等。

用磨料磨具（砂轮、砂带、油石和研磨料等）为工具进行切削加工的机床称为磨床。磨床主要用于零件的精加工，尤其是淬硬钢件和高硬度材料零件的精加工。磨床可用于磨削内、外圆柱面和圆锥面、平面、螺旋面、齿面以及各种成形面等，还可用于刃磨刀具，工艺范围非常广泛。根据磨削表面、工件形状和生产批量的要求，磨床的种类很多，主要类型有外圆磨床、内圆磨床、平面磨床和工具磨床等。

四、齿轮加工机床

齿轮的加工方法按齿形形成的原理可分为成形法和展成法两类。

成形法是指使用切削刃形状与被切齿轮的齿槽形状完全相符的成形刀具切出齿轮的方法。成形法采用单齿廓成形分齿法，即加工完一个齿后退回，工件分度，再加工下一个齿。

即由刀具的切削刃形成渐开线母线，再加上沿齿坯齿向的直线运动形成所加工齿面。这种方法一般在铣床上用盘铣刀或指形齿轮铣刀铣削齿轮。此外，也可以在刨床或插床上用成形刀具刨削、插削齿轮。

展成法加工齿轮是利用齿轮啮合的原理进行的，其切齿过程模拟齿轮副（齿轮—齿条、齿轮—齿轮）的啮合过程。把其中的一个作为刀具，另一个作为工件，并强制刀具和工件作严格的啮合运动。被加工工件的齿形表面是在刀具和工件包络过程中由刀具切削刃的位置连续变化而形成的。用展成法加工齿轮，同一把刀具可以加工相同模数而任意齿数的齿轮，其加工精度和生产率都比较高。这种方法在齿轮加工中应用最为广泛。

了解齿轮刀具的种类和特点。齿轮刀具一般按照齿轮的齿形可分为加工渐开线齿轮刀具和非渐开线齿轮刀具。常用的有盘形齿轮铣刀和指形齿轮铣刀。常见的展成法齿轮刀具有：齿轮滚刀、插齿刀、蜗轮滚刀及剃齿刀等。滚齿机主要用于滚切直齿和斜齿圆柱齿轮及蜗轮，还可以加工花键轴的键。

1. 滚齿原理

掌握展成法加工的运动原理。

2. 滚切直齿圆柱齿轮

（1）分析展成运动及传动链　深刻理解展成运动是滚刀与工件之间的啮合运动，是一个复合的表面成形运动，可被分解为两个部分：滚刀的旋转运动 B_{11} 和工件的旋转运动 B_{12}。B_{11} 和 B_{12} 相互运动的结果，形成了轮齿表面的母线——渐开线。复合运动的两个组成部分 B_{11} 和 B_{12} 之间需要有一个内联系传动链，这个传动链应能保持 B_{11} 和 B_{12} 之间严格的传动比关系。设滚刀头数为 k、工件齿数为 z，则滚刀每转一转，工件应转过 k/z 转。在图6-1中，联系 B_{11} 和 B_{12} 之间的传动链是：滚刀—4—5—u_x—6—7—工件，称为展成运动传动链。传动链中的换置机构 u_x 用于适应工件齿数和滚刀头数的变化。

（2）主运动及传动链　每个表面成形运动都应有一个外联系传动链与动力源相联系，以产生切削运动。在图6-1中，外联系传动链是：电动机—1—2—u_v—3—4—滚刀，提供滚刀的旋转运动，称为主运动传动链。传动链中的换置机构用于调整渐开线齿廓的成形速度，以适应滚刀直径、滚刀材料、工件材料、硬度以及加工质量要求等的变化。

（3）竖直进给运动及传动链　为了切出整个齿宽，即形成轮齿表面的导线，滚刀在自身旋转的同时，必需沿齿坯轴线方向作连续的进给运动 A_2。A_2 是一个简单运动，可以使用独立的动力源驱动。滚齿机的进给以工件每转时滚刀架的轴向移动量计算，单位为 mm/r。计算时可以把工件作为间接动力源。这条传动链为：工件—7—8—u_f—9—10—刀架升降丝杠。这是一条外联系传动链，称为进给传动链。传动链中的换置机构 u_f 用于调整轴向进给量的大小和进给方向，以适应不同加工表面粗糙度的要求。

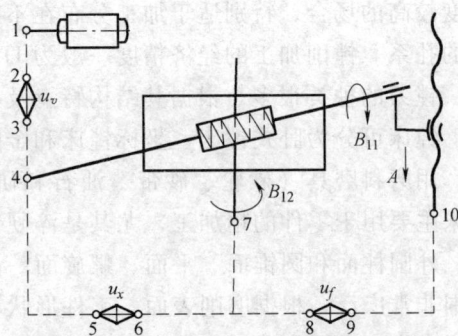

图6-1　滚切直齿圆柱齿轮的传动原理图

3. 滚切斜齿圆柱齿轮

（1）机床的运动和传动原理图　与直齿圆柱齿轮相比，分析加工斜齿圆柱齿轮的两个运动：一个是产生渐开线（母线）的展成运动；另一个是产生螺旋线（导线）的运动。加工斜齿圆柱齿轮时，进给运动是螺旋运动，是一个复合运动，这个运动可分解为两部分，即滚刀架的直线运动 A_{21} 和工作台的旋转运动。工作台要同时完成 B_{12} 和 B_{22} 两种旋转运动。B_{22} 称为附加转动。这两个运动之间必须保持确定的关系，即滚刀移动一个工件的螺旋线导程 T 时，工件应准确地附加旋转一周。

滚切斜齿圆柱齿轮时的两个成形运动都各需一条内联系传动链和一条外联系传动链，展成运动的传动链与滚切直齿时完全相同。产生螺旋运动的外联系传动链——进给链，也与切削直齿圆柱齿轮时相同。但这时的进给运动是复合运动，还需一条产生螺旋线的内联系传动链。它连接刀架移动 A_{21} 和工件的附加转动 B_{22}，以保证当刀架直线移动距离为螺旋线的一个导程 T 时，工件的附加旋转为一周。这条内联系传动链习惯上称为差动链。

（2）掌握工件附加转动的目的和原理　滚切斜齿圆柱齿轮时，为了获得螺旋线齿线，要求工件的附加转动 B_{22} 与滚刀轴向进给运动 A_{21} 之间必须保持确定的关系，即滚刀移动一个工件螺旋线导程 T 时，工件应准确地附加旋转 1 周。

4. 插齿机

插齿机用来加工内、外啮合的圆柱齿轮，尤其适用于加工在滚齿机上不能加工的内齿轮和多联齿轮。

插齿机的加工原理为一对圆柱齿轮的啮合，其中一个是工件，另一个是端面磨有前角，齿顶及齿侧均磨有后角的齿轮形刀具——插齿刀。插齿机是按展成法加工圆柱齿轮的。插齿刀沿工件轴向作直线往复运动，以完成切削主运动，在刀具与工件轮坯作"无间隙啮合运动"过程中，在轮坯上渐渐切出齿廓。在加工过程中，刀具每往复一次，仅切出工件齿槽的一小部分。齿廓曲线是在插齿刀切削刃多次切削中，由切削刃各瞬时位置的包络线所形成的。

（1）主运动　插齿机的主运动是插齿刀沿其轴线所作的直线往复运动 A_2。它是一个简单的成形运动，用以形成轮齿齿面的导线——直线。

（2）展成运动　加工过程中，插齿刀和工件轮坯应保持一对圆柱齿轮啮合的展成运动，可以分解为插齿刀的旋转 B_{11} 和工件的旋转 B_{12}。其啮合关系为：当插齿刀转过 $1/z_刀$ 周（$z_刀$ 为插齿刀齿数）时，工件转 $1/z_工$ 周（$z_工$ 为工件的齿数）。

（3）圆周进给运动　插齿刀的转动为圆周进给运动，它用每次插齿往复行程中刀具在分度圆圆周上所转过的弧长表示。减少圆周进给量将会增加形成齿廓的切削刃切削次数，从而提高齿廓曲线精度。

第三节　习　　题

一、思考题

1. 试分析比较钻头、扩孔钻和铰刀的结构特点和几何角度。

2. 为什么用钻头钻孔时，钻出来的孔径一般都比钻头的直径大？

3. 镗孔有哪几种方式？各有何特点？

4. 为什么珩磨加工可以获得较高的精度和较小的表面粗糙度值？

5. 什么是逆铣和顺铣？顺铣有哪些特点？顺铣对机床的进给机构有什么要求？

6. 铣削有哪些主要特点？可采用哪些措施改进铣刀和铣削特性？

7. 简述滚切直齿圆柱齿轮的展成运动及传动链、主运动及传动链。

8. 简述插齿机的加工原理。

二、判断题

1. 钻床的主运动是钻头的旋转运动，进给运动是钻头的轴向移动。（　　　　）

2. 铣床的主运动是刀具的旋转运动，进给运动是工件的移动。（　　　　）

3. 成形法加工齿轮是指利用与被切齿轮的齿槽法向截面形状相符的刀具切出齿形的方法。（　　　　）

4. 展成法加工齿轮是利用齿轮刀具与被切齿轮保持一对齿轮啮合运动关系而切出齿形的方法。（　　　　）

5. 滚切直齿圆柱齿轮时，滚刀水平放置；滚切斜齿圆柱齿轮时，滚刀应倾斜放置。（　　　　）

6. 插齿刀应根据被切齿轮的模数、压力角和齿数来选择。（　　　　）

7. 剃齿相当于一对直齿圆柱齿轮传动，是一种"自由啮合"的展成法加工。（　　　　）

8. 磨齿是齿形精加工的主要方法，它既可加工未经淬硬的轮齿，又可加工淬硬的轮齿。（　　　　）

9. 滚齿可加工的齿轮类型有相距较近的多联齿轮。（　　　　）

10. 在插齿机不增加附件的条件下，插齿可加工齿轮轴。（　　　　）

第七章　数控机床

第一节　基本内容及学习要求

一、基本内容

本章包括数控机床的定义、发展历史、分类和组成、工作原理、机械结构和典型数控机床及其选用原则等内容。

二、学习要求

掌握数控机床的定义、分类及组成。了解数控机床的发展历史，理解并掌握数控机床的工作原理、机械结构，了解典型数控机床及其选用原则。

第二节　重点、难点分析及学习指导

一、概述

数字控制是一种借助数字、字符或其他符号对某一工作过程（如加工、测量、装配等）进行编程控制的自动化方法。

数控机床是指采用数字控制技术对机床的加工过程进行自动控制的一类机床。数控机床的发展趋势为高速化、高精度化，智能化、信息化，数控系统开放化。

二、数控机床的分类

（1）按工艺用途分类　数控机床可分为金属切削类数控机床、金属成形类数控机床、数控特种加工及其他类型数控机床。

（2）按运动方式分类　数控机床可分为点位控制数控机床、直线控制数控机床、轮廓控制数控机床。

（3）按伺服系统类型分类　数控机床可分为开环控制系统数控机床、半闭环控制系统数控机床和闭环控制系统数控机床。

三、数控机床的工作原理

数控机床一般由信息载体、数控装置、伺服系统、测量反馈装置和机床主机组成。

数控机床的工作原理是：数控装置内的计算机对以数字和字符编码方式所记录的信息进行一系列处理后，向机床进给等执行机构发出命令，执行机构则按其命令对加工所需各种动作，如刀具相对于工件的运动轨迹、位移量和速度等实现自动控制，从而完成工件的加工。

与普通机床相比，数控机床有如下特点：加工精度高，具有稳定的加工质量；可进行多坐标的联动，能加工形状复杂的零件；加工零件改变时，一般只需要更改数控程序，可节省生产准备时间；机床本身的精度高、刚性大，可选择有利的加工用量，生产率高；机床自动化程度高，可以减轻劳动强度；对操作人员的素质要求较高，对维修人员的技术要求更高。

四、数控机床的机械结构

1. 对数控机床机械结构提出的要求

1）具有较高的机床静刚度和动刚度。

2）能够减小机床的热变形。

3）能够减少运动摩擦和消除传动间隙。

4）能够提高机床的寿命和精度保持性。

5）能够减少辅助时间和改善操作性能。

2. 数控机床的布局特点

数控机床的总体结构布局应符合上述要求，既满足考虑机床性能、加工适用范围等内部因素而确定的各构件间位置，同时也满足考虑外观、操作、管理到人机关系等外部因素而安排机床总布局。

数控机床不同的布局形式给机床工作带来了不同的影响，从而形成不同的特点，其影响主要表现在如下几个方面：

（1）不同布局适应不同的工件形状、尺寸及质量 图7-1所示均为数控铣床的布局方案，但这四种布局方案适应的工件质量、尺寸不同。其中，图7-1a所示方案适应较轻的工件，图7-1b所示方案适应较大尺寸的工件，图7-1c所示方案适应较重的工件，而图7-1d所示方案适应更重、更大的工件。

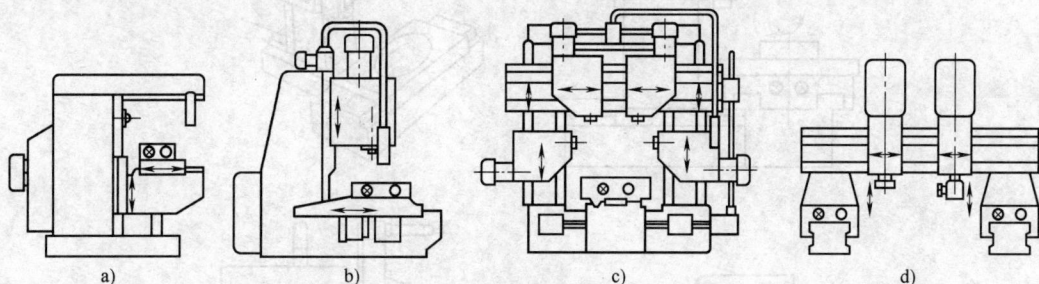

图7-1 数控铣床的不同布局方案

（2）不同布局对应不同的运动分配及工艺范围 图7-2所示为数控镗铣床的三种布局方案。其中，图7-2a所示方案为主轴立式布置，上下运动，对工件顶面进行加工；图7-2b所示方案为主轴卧式布置，与分度工作台相配合，可加工工件多个侧面；图7-2c所示方案为在图7-2b所示方案的基础上再增加一个数控转台，可完成更多的加工。

（3）不同布局具有不同的机床结构性能 图7-3所示为几种数控卧式镗铣床。其中，图7-3a、b所示为T形床身布局，工作台支承于床身上，刚度好，承载能力强；图7-3c、d所示工作台为十字形布局，其中图7-3c的主轴箱悬挂于单立柱一侧，使立柱受偏载，图7-3d的主轴箱装在框式立柱中间，对称布局，受力后变形小，有利于提高加工精度。

（4）不同布局影响机床操作的方便程度 不同的机床布局导致有些工作（如工件、刀具装卸，切屑清理，加工观察等）的操作方便程度不同。图7-4所示为数控车床的三种不同布局方案，其中图7-4c所示为立床身，排屑最方便，切屑直接落入自动排屑的运输装置；图7-4b所示为斜床身，排屑也较为方便；图7-4a所示为横床身，加工观察与排屑均不容易。

由此可见，了解数控机床布局的特点是合理选用机床、操作机床的基础。

五、数控机床的选用原则

数控机床发展到目前的阶段，除门类广、品种多以外，技术层次也呈现多样化，因此价

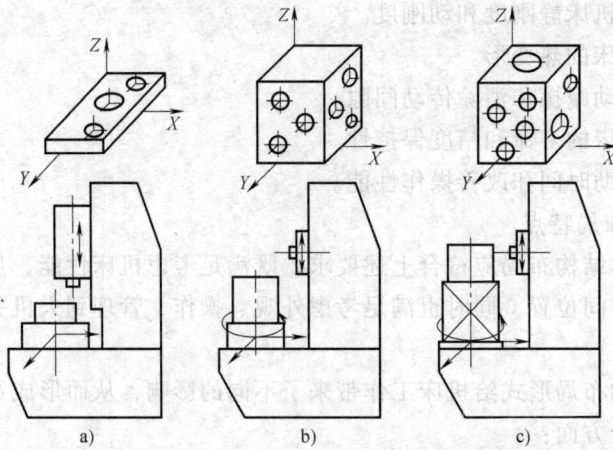

图 7-2　数控镗铣床的不同布局方案

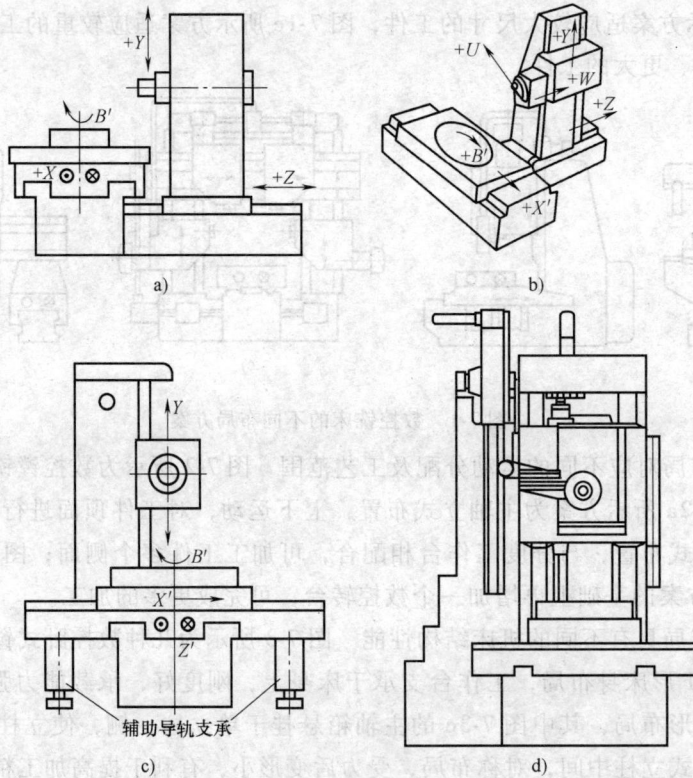

图 7-3　几种数控卧式镗铣床

a)、b) T 形床身　c)、d) 四层结构的十字形工作台

格相差十分悬殊。按我国的具体情况，数控机床可分为三个层次。

（1）高档型数控机床　高档型数控机床是指加工复杂形状的多轴控制或工序集中，自动化程度高，高度柔性的数控机床。一般采用的数控系统具有 32 位或 64 位微处理器；机床的进给大多采用交流伺服驱动，能控制 5 轴或 5 轴以上，并实现 5 轴或 5 轴以上的联动；进给分辨率为 0.1μm，快速进给速度可达 100m/min，且具有通信联网、监控、管理等功能。

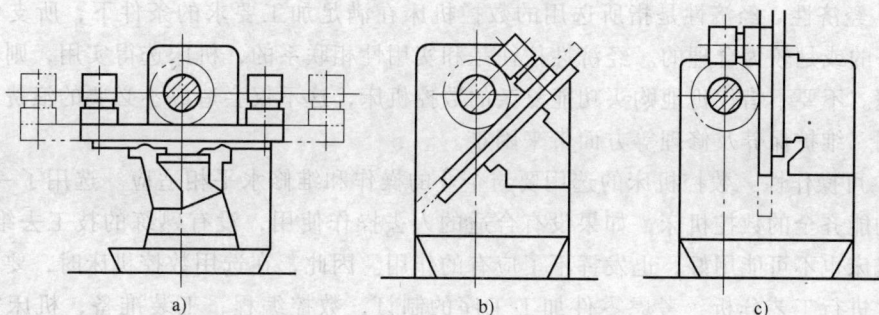

图 7-4 数控车床的不同布局方案

这类机床功能齐全、价格昂贵。这类机床包括 5 轴以上的数控铣床，大型、重型数控机床，五面加工中心，车削中心和柔性加工单元，柔性制造系统等。

（2）普及型数控机床 这一档次的数控机床具有人机对话功能，应用较广，价格适中，通常称为全功能数控机床。所配置的数控系统采用 16 位或 32 位微处理器，机床的进给多用交流或直流伺服驱动，其控制的轴数和联动轴数在 4 轴或 4 轴以下，进给分辨率为 1μm，快速进给速度可达 20m/min 以上。这类数控机床的品种极多，几乎涵盖了各种机床类别。这类数控机床趋向于简单、实用，不追求过多的功能，因而其价格适当地有所下降。

（3）经济型数控机床 这一档次的数控机床仅能满足一般精度要求的加工，能加工形状较为简单的直线、斜线、圆弧及带螺纹类的零件。采用的数控系统是单板机或单片机，机床进给由步进电动机实现开环驱动，控制的轴数和联动轴数在 3 轴或 3 轴以下，进给分辨率为 10μm，快速进给速度可达 10m/min。经济型数控机床是我国的特色产品，其结构简单，具有中等精度，但价格便宜。在品种上，已较普遍采用的是数控车床和快速走丝的数控线切割机。近几年又出现了数控钻床、数控铣床、数控磨床、数控专用机床和数控锻压机械等。而且随着技术的发展，经济型数控机床的功能也有进一步发展，能解决更多的数控加工问题。因此可以说，经济型数控机床是一类很有前途的数控机床，其适用范围还将进一步扩大，技术也会更趋成熟，而且具有良好的出口前景。

综上所述，不同的数控机床各有特色，任何数控机床都绝非万能。对一台具体的数控机床来说，只能具备其中的部分功能。因此在选用数控机床时，必须进行具体的研究和分析。选用合理，就能使有限的投资获得极佳的效果和效益。

选用数控机床应遵循如下原则：

（1）实用性 选用数控机床的出发点是解决生产中的某一个或几个问题。实用性是指所选的数控机床能实现最佳的预定目标。有了明确的目标，如加工复杂零件，提高加工效率，提高加工精度，集中工序，缩短生产周期，实现柔性加工等，有针对性地选用机床，才能以合理的投入，获得最佳效果。以往机床企业在开发产品时，通常设法提高机床的万能性，使一种机床具有较多的功能，使用户在选用机床时有很大的选择余地。但这必然造成结构复杂，生产成本提高，制造周期加长，而且用户购置机床的投资也要增加。而用户在实际使用中，往往只能用到较少部分功能，大部分功能用不上而造成浪费。因此，现在数控机床的发展趋势是功能的专门化和品种的多样化。这种变革大大简化了机床结构，降低了生产成本，并且缩短了交货周期，给用户带来了极大的好处。

（2）经济性　经济性是指所选用的数控机床在满足加工要求的条件下，所支付的代价是最经济的或是较为合理的。经济性往往是和实用性相联系的，机床选得实用，则在经济上也会合理。不要不惜代价地购买功能复杂的数控机床，这不仅会造成不必要的浪费，而且也会给使用、维护保养及修理等方面带来困难。

（3）可操作性　数控机床的选用要与企业的操作和维修水平相适应。选用了一台先进、复杂、功能齐全的数控机床，如果没有合适的人去操作使用，没有熟练的技工去维护修理，再好的机床也不可能用好，也发挥不了应有的作用。因此，在选用数控机床时，要注意对所加工零件进行工艺分析，考虑零件加工工序的制订，数控编程，工装准备，机床安装与调试，以及在加工过程中的故障排除与及时调整的可能性，这样才能保证机床能长时间正常运转。

（4）可靠性　虽然这是指机床本身的质量，但却与选用有关。稳定可靠性高，既指数控系统，又包括机械部分。数控机床如果不能稳定、可靠地工作，那就完全失去了意义。要保证数控机床工作时稳定可靠，在选用时一定要选择技术成熟，有一定生产批量的产品。

选择数控机床时，应尽量遵循以上原则。

第三节　习　　题

一、思考题

1. 什么是闭环控制系统？简述其特点及应用，并画出其原理框图。

2. 简述数控加工工艺设计的主要内容。

3. 什么是机床的数字控制？什么是数控机床？机床的数字控制原理是什么？

4. 何谓点位控制、直线控制和轮廓控制？

5. 数控机床由哪几部分组成？数控装置有哪些功能？

6. 简述数控机床的分类方法。

7. 数控技术的主要发展方向是什么？

二、选择题

1. CNC 系统主要由（　　）。

A. 计算机和接口电路组成　　　　　　　B. 计算机和控制系统软件组成

C. 接口电路和伺服系统组成　　　　　　D. 控制系统硬件和软件组成

2. 数控机床用伺服电动机实现无级变速，用齿轮传动的主要目的是增大（　　）。

A. 输出转矩　　　　　B. 输出速度　　　　C. 输入转矩　　　　D. 输入速度

3. 数控机床适于生产（　　）零件。

A. 大型　　　　　　　B. 大批量　　　　　C. 小批复杂　　　　D. 高精度

4. 闭环系统比开环系统及半闭环系统（　　）。

A. 稳定性好　　　　　B. 故障率低　　　　C. 精度低　　　　　D. 精度高

5. 加工平面任意直线应用（　　）。

A. 点位控制数控机床　　　　　　　　　　B. 点位直线控制数控机床

C. 轮廓控制数控机床　　　　　　　　　　D. 闭环控制数控机床

三、判断题

1. 数控加工中，最好是同一基准引注尺寸或直接给出主要尺寸。（　　）

2. 数控机床中，所有的控制信号都是从数控系统发出的。（　　）

3. G00 快速进给速度不能由地址 F 指定，可通过操作面板对进给速度进行调整。
（　　）

4. 数控铣开机时，必须先确定机床参考点，即确定工件与机床零点的相对位置。参考点确定以后，刀具移动就有了依据。否则，不仅编程无基准，还会发生碰撞事故。（　　）

5. 在圆弧插补指令（G02、G03）中，I、K 地址的值无方向，用绝对值表示。（　　）

四、填空题

1. 数控加工生产中，对平面零件周边轮廓的加工需采用_____铣刀。

2. 对刀点可以设在_____上，也可以设在夹具或机床与零件定位基准有一定位置联系的某一位置上。

第八章 机械加工工艺规程的制订

第一节 基本内容及学习要求

一、基本内容

本章包括机械加工工艺过程的基本概念；工艺规程编制的准备阶段工作；零件的结构工艺性分析；确定零件加工工艺方案的一般原则；基准的概念、分类，定位基准选择的原则；机械加工工艺路线的拟定；工序设计；工艺尺寸链；工艺过程的技术经济分析；提高机械加工生产率的工艺措施；计算机辅助工艺规程编制等内容。

二、学习要求

1）了解切削加工对零件结构的要求，能够对零件结构工艺性进行分析并改进结构；掌握生产过程、工艺过程、工序、安装、工位、工步的概念。

2）掌握零件机械加工工艺规程的制订原则和工作步骤；掌握基准的概念、种类及定位基准的选择原则。

3）了解安排加工顺序的一般原则；掌握确定加工经济精度的方法，选择加工方法的原则，划分加工阶段的目的和方法；掌握工序集中与分散的安排原则、优缺点以及工序顺序安排的原则；重点掌握工序余量的概念与确定方法；掌握时间定额、切削用量、切削液的确定方法以及工序设计的内容和方法。

4）掌握工艺尺寸链的概念、基本公式及分析计算。

5）掌握机械制造工艺过程的技术经济分析方法、工艺过程的组成、生产类型、零件结构工艺性、毛坯选择、加工余量、典型表面加工方法、经济加工精度、机床选择、时间定额及其组成等基本知识。

6）了解数控加工工艺设计的内容。

7）掌握机械加工的基础理论和知识，在现有的生产条件下，如何采用经济有效的加工方法，合理地安排加工工艺路线，以获得符合产品要求的零件，这是本章所要解决的重点问题。

第二节 重点、难点分析及学习指导

一、基本概念

1. 生产过程和机械加工工艺过程

生产过程是指将原材料或半成品转变为成品的过程。

工艺过程是指改变生产对象的形状、尺寸、相对位置和性质等，使其成为成品或半成品的过程。它可分为铸造、锻造、冲压、焊接、机械加工、热处理、装配等。本课程只研究机械加工工艺过程和装配工艺过程。

2. 机械加工工艺过程的组成

（1）工序 工序是指一个或一组工人在同一个工作地对同一个或同时对几个工件所连续完成的那一部分工艺过程。工序的四个基本要素为工人、工作地、工件、连续完成，其中任意一个要素改变，即构成一道新的工序。例如，在车床上加工一批轴，既可以对每一根轴连续地进行粗加工和精加工，也可以先对整批轴进行粗加工，然后再进行精加工。前者加工只包括一个工序；后者由于加工连续性中断，虽然加工是在同一工作地进行的，却是两道工序。一个零件的工艺过程可分为一道或数道工序。工序是工艺过程的基本单元，是安排生产作业计划、制定劳动定额和配备工人数量的基本计算单元。

（2）安装 安装是指工件经过一次装夹后所完成的那一部分工序。即将工件在机床上或夹具中定位夹紧的过程。在一道工序内，工件可安装一次，也可安装几次，即一道工序可有一次或几次安装。从安装的定义中应将安装理解为工件装夹后所完成的一部分工艺过程，而不是一次装夹的操作动作。

（3）工步 工步是指在加工表面和加工工具不变的情况下，所连续完成的那一部分工序。在一次安装中可完成一个或几个工步。在工件上钻几个相同直径的孔，可看做一个工步。在加工中为了提高生产率，用几把刀具同时加工几个不同的表面，也可看做一个工步，即复合工步。

（4）工位 工位是指为了完成一定的工序部分，一次装夹工件后，工件与夹具或设备的可动部分一起相对刀具或设备的固定部分所占据的每一个位置。为了减少工件装夹次数和提高生产率，经常采用多工位加工。

3. 工件的装夹方式及获得加工尺寸的方法

在机床上加工工件时，需要使工件相对刀具及机床保持一个正确位置，必须正确装夹工件。安装分为两个步骤：定位和夹紧。定位是指使工件在机床上或夹具中占有正确位置的过程。夹紧是指工件定位后将其固定，使其在加工过程中保持位置不变的操作。定位和夹紧过程的总和即为安装。工件安装的方法有两种：找正安装和利用夹具安装。

获得加工尺寸的方法有试切法、调整法、定尺寸刀具法和自动获得法。

4. 生产类型

生产类型是指企业（或车间、工段、班组、工作地）生产专业化程序的分类。一般可分为大量生产、成批生产和单件生产三种类型。

划分生产类型的主要依据是生产纲领。零件生产纲领的计算公式为

$$N = Qn(1 + a)(1 + b)$$

式中　N——零件的年生产纲领（件/年）；

Q——产品的年产量（台/年）；

n——每台产品中所含该零件的数量（件/台）；

a——该零件的备品百分率（%）；

b——该零件的废品百分率（%）。

除生产纲领外，划分生产类型还应考虑投入生产的批量或生产连续性、零件本身的特性（质量、大小、结构复杂程度、精密程度）等。

5. 工艺规程编制的准备阶段工作

零件结构工艺性是指所设计的零件在能满足使用要求的前提下，制造的可行性和经济性。

在制订零件机械加工工艺规程前，审查零件的结构工艺性是很重要的一项工作。零件结构的机械加工工艺的主要要求有：零件结构要素的标准化（如螺纹、花键、齿轮、中心孔、各种空刀槽），减小毛坯余量和选用切削加工性好的材料，有便于定位的基准和夹紧的表面，能以高的生产率加工（被加工表面的形状应尽量简单，减少加工表面面积和工件装夹次数等），保证刀具能正常工作并改善刀具的工作条件，保证加工时有足够的刚度等。

零件结构工艺性需要对毛坯制造、机械加工、热处理及装配、拆装、维修等方面进行综合分析比较。零件结构工艺性还与生产类型和生产条件有关。

零件图样工艺性审查包括分析其结构工艺性，对材料、热处理、技术要求等是否合理，图样是否符合标准等。总之通过了解零件功能，达到全面掌握零件的工艺要求。

毛坯种类的选择，主要由规定的零件材料和力学性能、结构形状和外形尺寸、生产类型及现有生产条件等因素确定。

毛坯形状的确定，要力求接近零件成品形状，但多件合用一个毛坯或需要制出工艺凸台等情况例外。

二、定位基准的选择

基准是指用来确定生产对象上几何要素之间的几何关系所依据的那些点、线、面。

在零件的设计阶段以及加工、检验、装配过程中都涉及基准的问题。同一零件在设计或制造过程中选用的基准不同，那么产品质量及加工、装配工艺过程的复杂程度也将不同。因此，正确选择基准在生产中是一个重要问题。

基准按其使用不同分为设计基准和工艺基准两大类。

设计基准是指设计图样上所采用的基准。即各设计尺寸的标注起点。常选用某些几何表面，或是采用几何面的对称中心线、交线或对称中点、交点作为基准。

工艺基准是指在工艺过程中所采用的基准。它可能是已加工完毕、未加工完毕或尚未加工的实际表面。体现工艺过程中所采用的实际表面称为工艺基面，而工艺基准在实际零件上不一定存在，它由工艺基面抽象而成。

应该注意，在零件上几何要素间除有尺寸关系之外，还有各种位置精度（如平行度、同轴度、垂直度等）也同样具有基准关系。

工艺基准按用途可分为以下四种：

1）工序基准。工序基准是指在工序图上用来确定本工序所加工表面加工后的尺寸、形状、位置的基准。在编制零件机械加工工艺规程时，一般情况是以设计基准作为工序基准。如设计基准在工件加工过程中不便于测量或定位，则需要更换，经过工艺尺寸换算，将设计尺寸更改成根据工序基准标注的工序尺寸。

2）定位基准。定位基准是指在加工中用作定位的基准。定位基准有粗基准和精基准之分。以毛坯上未经加工的表面作为定位基准或基面的称为粗基准，而以经过机械加工的表面作为定位基准或基面的称为精基准。

3）测量基准。测量基准是指测量时所采用的基准。

4）装配基准。装配基准是指装配时用来确定零件或部件在产品中的相对位置所采用的基准。

粗基准会影响以后各加工表面的加工余量分配和加工表面与不加工表面的相对位置，因此必须重视粗基准的选择。选择粗基准时应考虑以下原则：

1）对于具有较多加工表面的零件，粗基准应能合理分配加工表面的加工余量，以保证各加工表面有足够的加工余量；对于一些重要表面和内表面，应尽量使加工余量分布均匀，对机床导轨面的加工余量应最小，以保留尽量厚的耐磨组织层；各表面上总的金属切除量为最小。

2）对于具有不加工表面的工件，为保证加工表面与不加工表面之间的相对位置要求，一般应选择不加工表面作为粗基准。加工表面与不加工表面之间的位置要求，一般并未在图样上标注，这就需要工艺人员根据装配图和零件具体结构要求，以及毛坯的精度状况来合理判断。如对于壳体形零件，为保证其他零件能顺利装入空腔而不与内壁碰撞，应该选择易发生碰撞的内壁表面作为粗基准。对于盘套类回转体零件，应该选择不加工的外圆（或内孔）作为粗基面来加工内孔（或外圆），以保证加工后零件壁厚均匀。

3）选择粗基准时，应考虑定位准确，夹紧可靠，以及夹具结构简单、操作方便。为此应尽量选用平整、光洁和足够大的尺寸，以及没有浇口、冒口、飞边等缺陷的表面作为粗基准。

4）一个工序尺寸方向上的粗基准只能使用一次。因为粗基准是毛坯表面，在两次以上的安装中重复使用同一粗基准，会引起两加工表面间出现较大的位置误差。但是，若采用精制造毛坯，而相应的加工要求又不高，由重复安装产生的位置误差在允许的范围内，则粗基准可以重复使用。

上述粗基准的选择原则在实际应用时常会相互矛盾。初学者掌握起来比较困难。应该按照粗基准选择原则的顺序，结合具体零件要求，进行全面、综合的考虑，分清主次，以保证主要的要求。

选择精基准时主要应考虑的问题是如何保证工件的位置精度和加工表面的精度，并使安装方便。精基准选择应遵循以下原则：

1）基准重合的原则。即选用设计基准或工序基准作为精基准，这样可避免基准不重合而产生的基准不重合误差。如果加工的是最后一道工序，则所选的精基准应与设计基准重合；若是中间工序，则应尽可能选用工序基准作为精基准。

2）基准统一的原则。即选用同一个定位基准作为精基准加工多个表面。这样便于保证各加工表面间的位置精度，避免基准变换所产生的误差，并简化夹具设计和降低制造成本。

3）互为基准的原则。两个位置精度要求较高的表面可互为设计基准。常采用互为基准的方法进行反复加工。这样不仅符合基准重合原则，而且通过反复加工，精基准本身的加工误差越来越小，最后能达到较高的位置精度。

4）自为基准的原则。有些精加工或光整加工工序要求尽量小而均匀，在加工时应尽量选用加工表面自身作为精基准。而该表面与其他表面之间的位置精度由前道工序保证。

另外，选择精基准时还应便于安装工件，并使夹具结构简单。

在选择精基准时，首先分析零件图，从位置精度要求中找出各表面之间的联系，确定各表面的设计基准，选择设计基准作为精基准（即符合"基准重合原则"）。当设计基准用于定位时，会造成安装工件困难或使夹具结构复杂，则可选用其他表面代替，但需要经过工艺尺寸换算，将设计尺寸更改成工序基准标注的工序尺寸。在每个表面或每道工序的定位基准确定后，应对整个零件的定位进行综合分析，使各个加工表面的定位基准尽可能统一（即符合"基准统一原则")。其余原则就比较容易理解和掌握。

　　另外，当工件上没有合适的表面作为定位基准时，可以在工件上设计并加工出专用的定位基面，这种定位基面称为辅助基准。如轴类零件的中心孔、箱体上的定位孔、空心主轴零件的锥堵，以及形状复杂零件的工艺性凸出部位等。

　　例 8-1　在图 8-1 所示零件的 A、B、C 面上，孔 $\phi 10^{+0.027}_{0}$ mm 及 $\phi 30^{+0.033}_{0}$ mm 均已加工。试分析加工孔 $\phi 12^{+0.018}_{0}$ mm 时，选用哪些表面定位最为合理。

　　解　由图 8-1 可以看出，两个 $\phi 12^{+0.018}_{0}$ mm 孔的位置尺寸的设计基准是底面 A 和孔 $\phi 30^{+0.033}_{0}$ mm，同时还隐含两个 $\phi 12^{+0.018}_{0}$ mm 孔的同轴度及其孔心连线与 $\phi 30^{+0.033}_{0}$ mm、$\phi 10^{+0.027}_{0}$ mm 孔心连线的垂直度要求。因此，根据基准重合原则，应选底面 A（定位元件为支承板）、孔 $\phi 30^{+0.033}_{0}$ mm（定位元件为圆柱销）和孔 $\phi 10^{+0.027}_{0}$ mm（定位元件为削边销）作为定位基准。

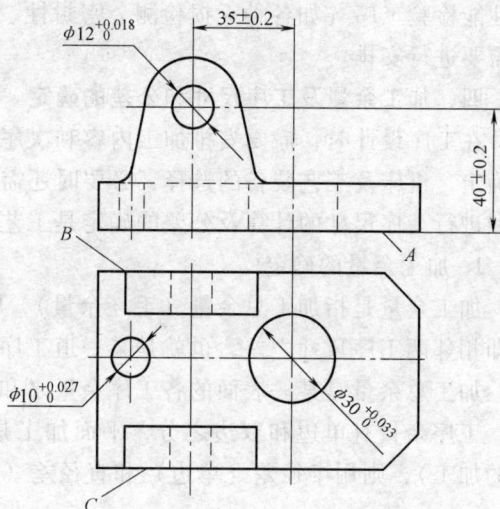

图 8-1　定位基准的选择

三、机械加工工艺路线的拟定

　　拟定零件的机械加工工艺路线，是制订零件机械加工工艺规程的关键性步骤，也是本章学习的重点与难点。

　　1）拟定加工工艺路线的工作顺序。首先选择定位基准，其次确定各表面的加工方法和加工顺序，最后进行工序组合和插入热处理及辅助工序。

　　2）表面加工方法的确定。确定每一个加工表面的加工方法和加工方案，也就确定了该零件的全部加工工作内容。

　　一般是首先要确定主要加工表面的最后加工方法，然后再逆向确定其前各工序的加工方法。即首先确定主要表面的加工方法，然后再确定各次要表面的加工方法。

　　3）加工阶段的划分及加工顺序的确定。当零件比较复杂和加工质量要求较高时，一般常把主要表面的加工划分为粗加工、半精加工、精加工和光整加工四个阶段。再把各加工表面的加工方案按其加工性质合并起来。

　　应注意粗、精分开的原则，既适用于某一表面的加工方案，也适用于整个零件的工艺过程。

　　还应注意加工阶段的划分不是绝对的。当零件形状简单、毛坯质量高、加工余量小、加工质量要求不高和工件刚度好时，也可不必划分加工阶段。

　　安排加工顺序即对每一阶段内的加工工作列出先后顺序。一般原则为：先基面后其他，先粗后精，先主后次，先面后孔。

　　4）工序的组合及热处理工序和辅助工序的安排。工序的组合是指将同一阶段的各加工表面的加工组合成若干个工序，组合时可采用工序集中和工序分散的原则。工序的集中和分散是指一个工序内加工内容的多与少，其结果是零件工艺过程中工序数目的少与多。

　　决定工序集中与分散的主要因素是零件的生产类型、结构特点、加工要求以及机床的形式和功能等，其发展趋向于工序集中。

将热处理工序和辅助工序合理地安排到零件工艺过程中，也是工艺人员的任务。

常用的热处理工序有退火、正火、时效和调质处理等。

常见的辅助工序有零件检验、去毛刺、倒棱边、清洗、防锈、平衡、打标记等。

检验工序是最主要的辅助工序，除在零件加工全部结束之后必须安排外，还应在粗加工全部结束后、重要工序加工前后，以及零件在车间之间转移的前后安排独立的检验工序。特种性能检验工序（如各种无损检测、密封性、平衡、重量及承压等检验），应根据加工过程的需要进行安排。

四、加工余量及工序尺寸和公差的确定

在工序设计时，需要安排加工内容和次序，确定加工余量，进行工序尺寸的计算及公差的确定，机床及工艺装备的选择，必要时还需要确定切削用量和时间定额。其中确定加工余量和进行工序尺寸的计算及公差的确定是工艺人员的基本工作，因此必须掌握。

1. 加工余量的确定

加工余量是指加工总余量（毛坯余量），即毛坯尺寸与零件图的设计尺寸之差。工序余量即相邻两工序尺寸之差，也就是某一道工序要去除的金属层厚度。

加工总余量是某一表面的各工序余量之和。

工序余量有单边和双边之分，平面加工是单边余量，而轴的加工（或孔、槽等对称平面的加工），则用半径差（单边）和直径差（双边）来表示。在查阅手册和计算时应注意区别。

在实际加工过程中，由于工序尺寸有公差，实体切除的工序余量有基本余量、最大余量和最小余量之分。一般工序余量是指基本工序余量。

确定加工余量的基本原则是在保证加工质量的前提下尽量减小加工余量。合理地确定加工余量，是保证零件加工质量和提高生产率以及降低成本的决定性因素。一般确定加工余量的方法有经验估计法、查表修正法和分析计算法。要求掌握加工余量的内容，然后查阅有关手册，并能合理地选取余量数据。

2. 工序尺寸及其公差的确定

当工序尺寸本身是独立的、与其他尺寸无关联时，可以通过零件图尺寸（即最终工序尺寸）和已确定的各工序余量逐步向前推算（即与加工顺序相反）得出。

最终工序尺寸的公差即零件图规定的公差，其余各工序的公差可根据该加工方法的加工经济精度选取，并按"入体原则"标注。但毛坯尺寸公差及公差位置需查有关手册确定。

"入体原则"是指考虑到加工过程中对刀、修复和便于确定加工余量，习惯上在标注中间工序尺寸偏差时，总是使工序尺寸的允许偏差偏向金属体内，采用单向偏差标注的原则。如包容尺寸采用基孔制单向上偏差，被包容尺寸采用基轴制单向下偏差，对深度尺寸（包括凹坑和凸台）也采用单向偏差，但偏差符号应以基面的选择和工作的需要而确定。

例 8-2 图 8-2 所示为小轴的零件图。已知零件材料为热轧圆钢，工件装夹在顶尖上加工，零件的加工过程如下：①下料；②车削端面，钻中心孔；③粗车各面；④精车各面；⑤热处理；⑥研磨中心孔；⑦磨削外圆。试计算小轴的大端外圆表面加工中各道工序的工序尺寸及公差。

解 由题意可知，大端外圆 $\phi 28_{-0.013}^{0}$ mm 的加工方案是：热轧棒料→粗车→精车→磨

削。根据加工方案，先查表，后计算，从最终工序逐步往前推算。

（1）确定各加工工序的加工余量 查阅工艺手册，各工艺方法的加工余量大体为：研磨余量为 0.01mm，精磨余量为 0.1mm，粗磨余量为 0.3mm，半精车余量为 1.1mm，粗车余量为 4.5mm。

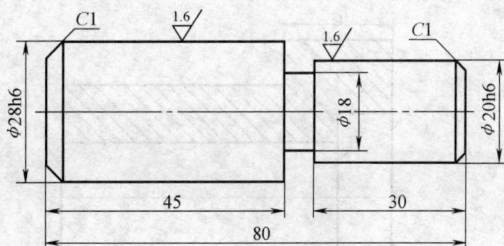

图 8-2 零件图

根据热轧棒料→粗车→精车→磨削的工艺过程，可取磨削余量为 0.3mm，精车余量为 0.9mm，粗车余量为 2.8mm，棒料的直径为 $\phi32$mm。

（2）计算各加工工序的基本尺寸 从最终加工工序开始，即从设计尺寸开始，到第一道加工工序，逐次加上每道加工工序余量，可分别得到各工序的基本尺寸（包括毛坯尺寸）。

磨削后的工序基本尺寸为 $\phi28$mm，精车后的工序尺寸为（28 + 0.3）mm = 28.3mm，粗车后的工序尺寸为（28.3 + 0.9）mm = 29.2mm，毛坯尺寸为（29.2 + 2.8）mm = 32mm。

（3）确定工序尺寸公差 除最终加工工序的公差按设计要求确定外，其他各加工工序按各自所采用加工方法的加工经济精度确定工序尺寸公差。

磨削后应达到零件图的要求：$\phi28_{-0.013}^{0}$mm，$Ra = 1.6\mu m$；精车后经济精度为 IT10 = 0.084mm，粗车后经济精度为 IT12 = 0.21mm。

（4）按"入体原则"标注工序尺寸公差 根据上述经济加工精度查公差表，将查得的公差值按"入体原则"标注在工序基本尺寸上。磨削后工序尺寸及公差为 $\phi28_{-0.013}^{0}$mm，$Ra = 1.6\mu m$；精车后工序尺寸及公差为 $\phi28.3_{-0.084}^{0}$mm，$Ra = 6.3\mu m$；粗车后工序尺寸及公差为 $\phi29.2_{-0.21}^{0}$mm，$Ra = 25\mu m$；毛坯尺寸及公差为 $\phi32_{-0.75}^{+0.40}$mm。

五、工艺尺寸链

工艺尺寸链是指利用尺寸链的理论来确定工序尺寸及其公差的方法，这是工艺人员必须掌握的重要工艺理论之一。

应在掌握尺寸链及工艺尺寸链的概念、尺寸链问题及计算方法等内容的基础上，解算工艺尺寸链。学习中容易出现的问题是：不能正确地确定封闭环，这是关键问题；不能画出有关的尺寸链图；无法进行正确计算。下面通过典型例子来指导如何解决常见的工艺尺寸链问题。

1. 定位基准与设计基准不重合时的工艺尺寸换算

例 8-3 图 8-3 所示零件的 A、B、C 面均已加工完毕，现欲以调整法加工 D 面，并选端面 A 为定位基准，且按工序尺寸 L_3 对刀并进行加工。为保证尺寸 $20_{-0.26}^{0}$mm，试求工序尺寸 L_3 及其极限偏差。

解 1）画尺寸链（图 8-3 右图）并判断封闭环。根据加工情况，D 面是加工面，D 面的设计基准为 B 面，而定位基准是 A 面，存在着定位基准与设计基准不重合的问题。而设计尺寸 $20_{-0.26}^{0}$mm 是在加工过程中间接获得的，因此它是封闭环，用 L_0 表示。从封闭环的两端出发，按顺序将相关尺寸连接为一封闭的尺寸图形，即为求解的工艺尺寸链。

2）判断增环、减环。可用增环、减环的定义或用回路法进行判断。回路法先在封闭环上任意设定一个方向，然后沿此方向从封闭环出发，经过各组成环直至回到封闭环为止。当

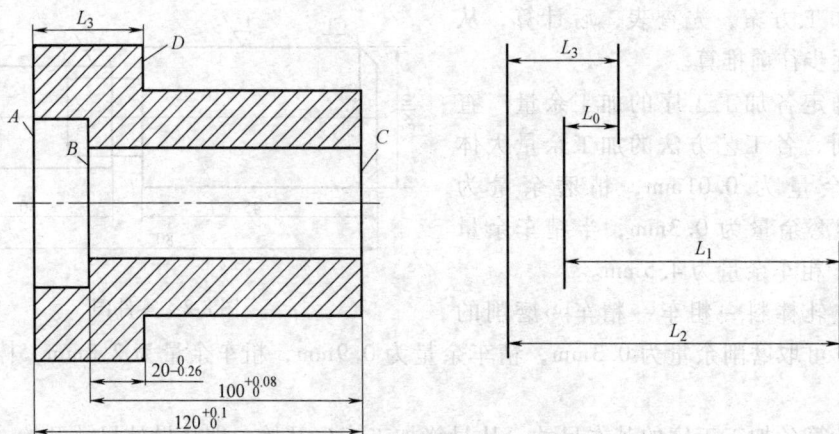

图 8-3 轴套零件加工工序尺寸计算

某组成环前进方向与设定封闭环方向相同时为减环,如 L_2,表示为 $\overleftarrow{L_2}$。若两者方向相反时为增环,如 L_1、L_3,可表示为 $\overrightarrow{L_1}$、$\overrightarrow{L_3}$。

3)计算工序尺寸的基本尺寸,即

$$L_0 = L_1 + L_3 - L_2$$

$$L_3 = (20 + 120 - 100)\text{mm} = 40\text{mm}$$

4)计算工序尺寸的极限偏差。因此工序尺寸 L_3 及其极限偏差为 $40_{-0.16}^{-0.08}$mm,按入体原则标注为 $39.92_{-0.08}^{0}$mm。

例 8-4 当用调整法铣削图 8-4a 所示的小轴上的槽面时,试确定以大端面轴向定位时的铣槽工序尺寸 L_3 及其极限偏差。

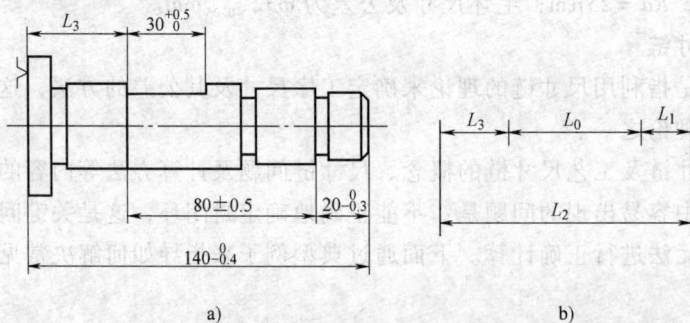

图 8-4 小轴铣槽工序尺寸计算

解 1)画尺寸链图并判断封闭环。根据加工情况,铣槽的槽宽尺寸 $30_{0}^{+0.5}$mm 可由铣刀宽度直接保证。铣槽的位置设计尺寸(80 ± 0.5)mm 可由调整铣刀端刃面到大端面的工序尺寸 L_3 间接获得。因此,封闭环 L_0 = (80 ± 0.5)mm。槽位置的设计基准在小端轴的轴肩面,而定位基准在轴的大端面,存在着基准不重合。与 L_0 有关的组成环 L_3、L_1 为减环,L_2 为增环。

2)计算工序尺寸的基本尺寸,即

$$80 = 140 - (20 + L_3)$$

$$L_3 = 40\text{mm}$$

3）计算工序尺寸的极限偏差，即

$$L_3 = 40^{+0.20}_{-0.10}\text{mm}$$

2. 测量基准与设计基准不重合时的工艺尺寸换算

在加工中，有时会遇到某些加工表面的设计尺寸不便测量，甚至无法测量的情况。为此需要选择另一个容易测量的测量基准。因此会产生测量基准与设计基准不重合，必须计算新的测量尺寸及其公差，以此来保证设计尺寸的要求。

例 8-5 在图 8-5a 中，零件的槽深尺寸 $5^{+0.12}_{0}$ mm 加工后不便直接测量，试选择间接测量的方案，并换算出测量尺寸及其极限偏差。

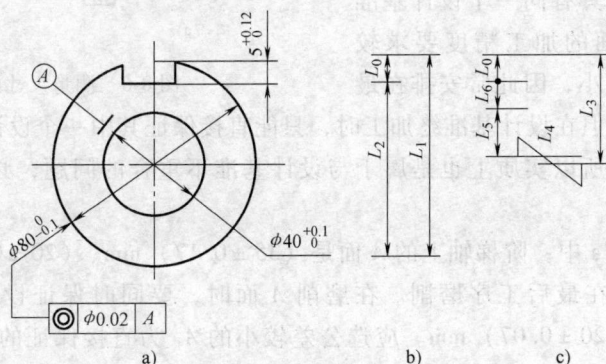

图 8-5 测量基准与设计基准不重合时的尺寸换算

解 画出尺寸链并判断封闭环。根据测量情况，槽深的设计基准是 $\phi80^{0}_{-0.1}$ mm 外圆柱的上素线，但在铣槽时铣掉了，故必须重新选择测量基准。可以选择外圆柱的下素线作为测量基准，也可以选择内孔 $\phi40^{+0.1}_{0}$ mm 的上素线作为测量基准。两个不同的方案对应两个新的测量尺寸及极限偏差。但其封闭环都是间接保证的设计尺寸 $5^{+0.12}_{0}$ mm。

分别画出这两种不同方案的工艺尺寸链，如图 8-5b、c 所示，并进行求解，可得

$$L_2 = 75^{-0.05}_{-0.15}\text{mm} \qquad L_6 = 25^{-0.06}_{-0.14}\text{mm}$$

从上述测量尺寸可以看出尺寸 L_6 的公差小于尺寸 L_2 的公差，这是由于组成环多的结果。所以在封闭环公差较小时，应使组成环数目最少。

综上所述，由于工艺基准（定位或测量基准）与设计基准不重合，或加工需要转换定位基准时，就需要进行尺寸换算，但如果按换算后的工序尺寸（或测量尺寸）加工（或测量），它间接保证原设计尺寸时可能存在一个"假废品"的问题。其原因是零件加工后，按换算后的工序尺寸测量，零件尺寸超差，从工序上看该件是废品，而再按设计尺寸进行测量验算，此件并不超差，是合格品，即该件是"假废品"。因此，由于基准不重合进行换算而造成工序尺寸超差时，应进行仔细分析。

例 8-6 在图 8-6a 中，零件在某工序中车削孔和平面 C，车削前 A 面和 B 面均已加工。图中 $A_0 = 30^{0}_{-0.20}$ mm，$A_1 = 10^{0}_{-0.1}$ mm。车削时以端面 B 定位，图样中标注的设计尺寸不便直接测量，改为以 A 面为测量基准，并按工序尺寸 A_2 进行测量，求 A_2 的尺寸及极限偏差。

解 画出尺寸链，如图 8-6b 所示。可求得工序尺寸 $A_2 = 40^{-0.1}_{-0.2}$ mm。如果加工后测量出 $A_2 = 39.75$ mm，则已超差。若复测 $A_1 = 9.95$ mm，则计算出设计尺寸 $A_0 = 29.80$ mm，应为合

格品，这就是"假废品"问题。

正确、简捷地判断真、假废品的方法是：当换算的工序尺寸超出其极限偏差部分的值小于或等于其余各组成环工序尺寸公差之和时，就有可能出现"假废品"。

3. 对一个加工面进行一次加工后需要同时保证几个设计尺寸要求时工艺尺寸的计算（多尺寸保证问题）

当几个设计尺寸具有同一个设计基准时，一般该基准表面的加工精度要求较高，表面粗糙度值较小，因此常安排在最后工序进行终加工。但在设计基准终加工时，只能直接保证其中一个设计尺寸，其余设计尺寸都是间接保证的。所以实质上也是属于与设计基准不重合的问题，必须进行工序尺寸换算。

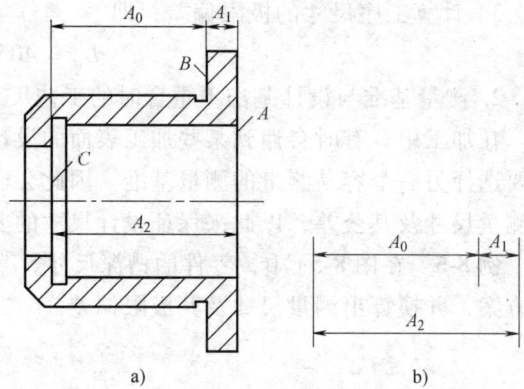

图 8-6 测量尺寸的换算

例 8-7 在图 8-7a 中，阶梯轴上的 A 面是 (35 ± 0.17) mm、(20 ± 0.07) mm 两个尺寸的设计基准。A 面需在最后工序磨削。在磨削 A 面时，要同时保证设计尺寸 $A_0 = (35 \pm 0.17)$ mm 和 $A_1 = (20 \pm 0.07)$ mm。应选公差较小的 A_1 为直接保证的工序尺寸，而 A_0 公差较大，可间接保证。试求 A_2 的工序尺寸及极限偏差。

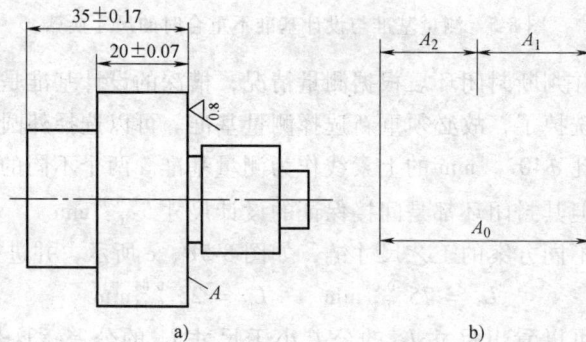

图 8-7 多尺寸保证

解 可求得 $A_2 = (15 \pm 0.1)$ mm。

4. 渗碳或电镀时工艺尺寸的计算

零件渗碳或渗氮后，表面要经过磨削以保证尺寸精度，同时要求磨削后保留有规定的渗层深度（即间接保证的），它也属于多尺寸保证的一种形式。

例 8-8 图 8-8 所示为衬套（材料为 38CrMoAlA），要求终磨内孔到 $\phi 145_{\ 0}^{+0.04}$ mm，并保证渗层深度为 $0.3 \sim 0.5$ mm（即单边为 $0.3_{\ 0}^{+0.2}$ mm，双边为 $0.6_{\ 0}^{+0.4}$ mm），渗氮前磨内孔尺寸为 $\phi 144.76_{\ 0}^{+0.04}$ mm。求渗氮处理深度及极限偏差。

解 1）依题意画出尺寸链，如图 8-8c 所示，磨削后保留的渗层尺寸 $0.3_{\ 0}^{+0.2}$ mm 为封闭环，其组成尺寸 L_2、L_3 为增环，L_1 为减环。

2）可求得 $L_3 = 0.42_{+0.02}^{+0.18}$ mm。

零件上有尺寸精度要求的表面需要电镀（镀铬、镀铜或镀锌等）时，为了保证一定的

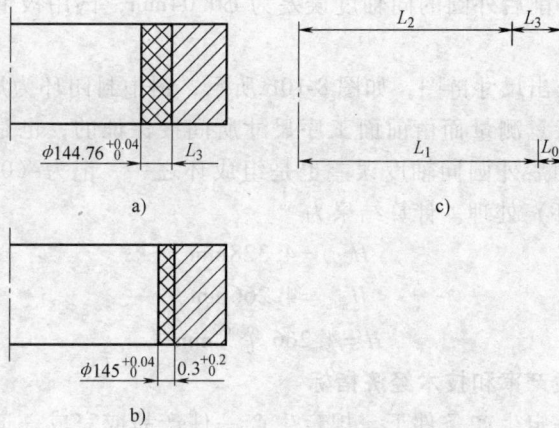

图 8-8　保证渗氮层厚度的工序尺寸换算
a）渗氮　b）终磨　c）尺寸链

镀层厚度，工艺上必须对镀前的表面尺寸精度作出规定。在生产中常有两种情况：一种是零件表面镀后无需再加工，另一种是镀后尚需再加工才能达到零件的设计要求。这两种情况在进行尺寸链计算时，仅其封闭环有所不同，前者是间接保证零件的设计尺寸要求，而后者是间接保证镀层厚度。

例 8-9　图 8-9 所示零件的尺寸为 $\phi 30_{-0.045}^{0}$ mm，要求镀铬层厚度为 0.02～0.03mm（直径方向即为 0.04～0.06mm）。镀后不加工，为保证零件的设计要求，试求镀前零件直径应磨削到的尺寸。

解　依题意，零件尺寸 $\phi 30_{-0.045}^{0}$ mm 是由镀前加工尺寸及镀层厚度间接获得的，故为封闭环。其尺寸链如图 8-9b 所示，L_1、L_2、L_3 均为增环。$L_1 = L_3 = 0.03_{-0.01}^{0}$ mm，由公式计算得 $L_2 = 29.94_{-0.025}^{0}$ mm，为镀前磨外圆的工序尺寸及极限偏差。

5. 从尚需继续加工的表面标注的工序尺寸的计算

例 8-10　在加工图 8-10a 所示的轴颈时，要求保证键槽深度 $t = 4_{0}^{+0.16}$ mm 的有关工艺过程如下：

1）车削外圆至 $\phi 28.5_{-0.10}^{0}$ mm；

2）在铣床上按尺寸 H^{δ} 铣键深；

3）热处理；

4）磨削外圆至尺寸 $\phi 28_{+0.008}^{+0.024}$ mm。

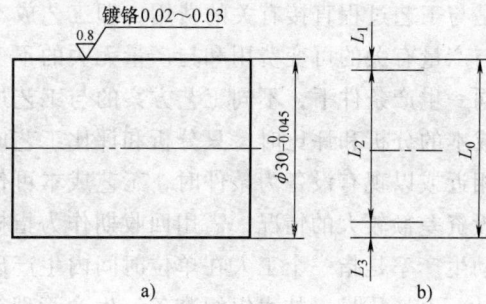

图 8-9　电镀工序尺寸计算

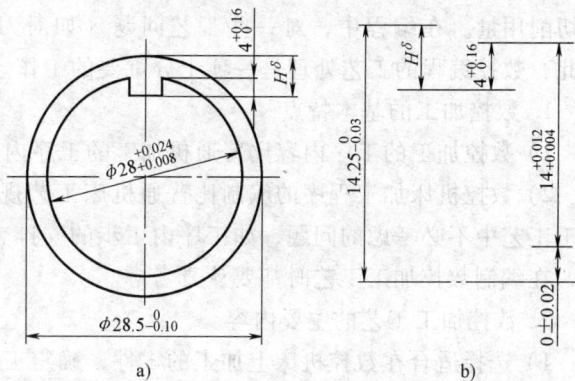

图 8-10　铣键槽的工序尺寸计算

若磨削后外圆与车削后外圆的同轴度误差为 $\phi0.04$mm，试用极值法计算铣键槽的工序尺寸 H^δ。

解 按加工顺序作出尺寸链图，如图 8-10b 所示，图中封闭环为尺寸 $4^{+0.16}_{0}$mm，因为它是磨削外圆后不必再特意测量而由前面工序尺寸所间接保证的，也是最后才形成的一个尺寸。车削后外圆与磨削后外圆同轴度误差也是组成环之一，记为（0 ± 0.02）mm，这里作为增环（也可作为减环）处理。计算结果为

$$H_{max} = 4.328\text{mm}$$
$$H_{min} = 4.266\text{mm}$$
$$H = 4.266^{+0.062}_{0}\text{mm}$$

六、工艺过程的生产率和技术经济指标

时间定额是指在一定生产条件下，规定生产一件产品或完成一道工序所必须消耗的时间。完成零件一道加工工序的时间定额称为单件时间定额。

工艺过程的技术经济分析一般有两种：一是按技术经济指标进行分析与评比，二是按工艺成本进行分析与评比。

技术经济指标一般有：每一个产品（零件或工件）所需的劳动量（工时或台时），每一位工人的年产量（单位为件/人），每平方米生产面积的年产量（单位为件/m²）等。

生产成本是指制造一个零件（或产品）所必须耗费的一切费用的总和。它包括两类费用：一是与工艺过程直接有关的费用，即工艺成本；二是与工艺过程无关的费用。工艺成本又包括与产量有关的可变费用和与产量无关的不变费用两部分。

在同一生产条件下，不同工艺方案的与工艺过程无关的费用基本上是相等的，所以在进行生产成本的分析和评比时，只分析和评比工艺成本即可。一般比较方法有两种：一种是基本投资相近或以现有设备为条件时，工艺成本可作为衡量各工艺方案经济性的依据；另一种是基本投资差额较大的情况，需用回收期作为指标来衡量。

劳动生产率是指一个工人在单位时间内生产出合格产品的数量。提高劳动生产率是涉及产品设计、毛坯质量、技术组织准备、生产管理等多方面的综合性问题。

七、数控加工工艺设计

数控加工工艺设计是对工件进行数控加工的前期工艺准备工作，无论是手工编程还是自动编程，在编程前都要对所加工的零件进行工艺分析，拟订工艺方案，选择合适的刀具，确定切削用量。在编程中，对一些工艺问题（如对刀点、加工路线等）也需要做一些处理。因此，数控编程的工艺处理是一项十分重要的工作。

1. 数控加工的基本特点

1）数控加工的工序内容比普通机加工的工序内容复杂。

2）数控机床加工程序的编制比普通机床工艺规程的编制复杂。这是因为在普通机床的加工工艺中不必考虑的问题，如工序内工步的安排、对刀点、换刀点及进给路线的确定等问题，在编制数控加工工艺时却要认真考虑。

2. 数控加工工艺的主要内容

1）选择适合在数控机床上加工的零件，确定工序内容。

2）分析加工零件的图样，明确加工内容及技术要求，确定加工方案，制订数控加工路线，如工序的划分、加工顺序的安排、非数控加工工序的衔接等。设计数控加工工序，如工

序的划分、刀具的选择、夹具的定位与安装、切削用量的确定、进给路线的确定等。

3）调整数控加工工序的程序，如对刀点、换刀点的选择，刀具的补偿。

4）分配数控加工中的公差。

5）处理数控机床上部分工艺指令。

3. 选择并确定零件的数控加工内容

当选择并决定对某个零件进行数控加工后，还必须选择零件数控加工的内容，以确定零件的哪些表面需要进行数控加工。一般可按下列顺序考虑：

1）普通机床无法加工的内容应作为数控加工优先选择的内容。

2）普通机床难加工、质量也难以保证的内容应作为数控加工重点选择的内容。

3）普通机床加工效率低、工人手工操作劳动强度大的内容，可在数控机床尚存在富余能力的基础上作为选择的内容。

注意，要防止把数控机床作为普通机床使用。

4. 对零件图样进行数控加工工艺性分析

数控加工的工艺分析应注意以下方面：

1）选择合适的对刀点和换刀点。"对刀点"是指数控加工时刀具相对零件运动的起点，又称"起刀点"，也就是程序运行的起点。对刀点选定后，便确定了机床坐标系和零件坐标系之间的相互位置关系。

选择对刀点时，主要考虑对刀点在机床上对刀方便，便于观察和检测，编程时便于数学处理和有利于简化编程。对刀点可选在零件或夹具上。为提高零件的加工精度，减少对刀误差，对刀点应尽量选在零件的设计基准或工艺基准上。如以孔定位的零件，应将孔的中心作为对刀点。

换刀点应设在工件的外部。

2）审查与分析工艺基准的可靠性。

3）选择合适的零件安装方式。

5. 数控加工工艺路线设计

与通用机床加工工艺路线设计相比，数控加工工艺路线设计仅是对几道数控加工工序工艺过程的概括，而不是指从毛坯到成品的整个工艺过程。因此，数控加工工艺路线设计要与零件的整个工艺过程相协调，并注意以下问题。

1）工序的划分。

2）加工顺序的安排。

3）数控加工工序与普通工序的衔接。

6. 数控加工工序设计

数控加工工序设计的主要内容是进一步把本工序的加工内容、加工用量、工艺装备、定位夹紧方式及刀具运动轨迹都具体确定下来，为编制加工程序作好充分准备。在工序设计时应注意以下方面的内容：

（1）确定进给路线　在确定进给路线时，主要考虑以下几点：

1）对点位加工的数控机床，如钻床、镗床，要考虑尽可能缩短进给路线，以减少空程时间，提高加工效率。

2）为保证工件轮廓表面加工后的表面粗糙度要求，最终轮廓应安排最后一次连续进给加工。

3）刀具的进退刀路线应认真考虑，要尽量避免在轮廓处停刀或垂直切入、切出工件，以免留下刀痕（切削力发生突然变化而造成弹性变形）。在车削和铣削零件时，应尽量避免图 8-11a 所示的径向切入或切出，而应按图 8-11b 所示的切向切入或切出，这样加工后的表面质量较好。

4）铣削轮廓的加工路线要合理选择，一般采用图 8-12 所示的三种方式进行。图 8-12a 所示为 Z 字形双方向进给方式，图 8-12b 所示为单方向进给方式，图 8-12c 所示为环形进给方式。在铣削封闭的凹轮廓时，刀具的切入或切出不允许外延，最好选在两面的交界处；否则，会产生刀痕。为保证表面质量，最好选择图 8-12b、c 所示的进给路线。

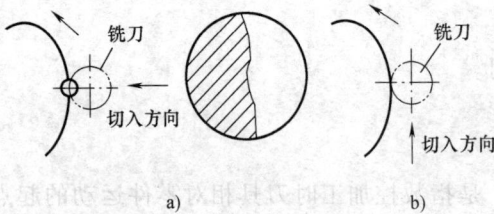

图 8-11　刀具的进刀路线
a）径向切入　b）切向切入

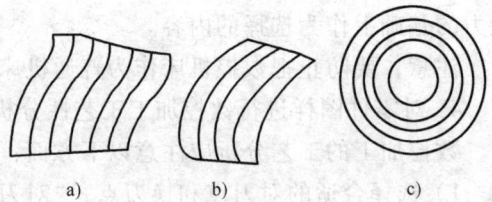

图 8-12　轮廓加工的进给路线
a）Z 字形　b）单向　c）环形

5）旋转体类零件的加工一般采用数控车床或数控磨床。由于车削零件的毛坯多为棒料或锻件，加工余量大且不均匀，因此，合理地制订粗加工路线，对于编程至关重要。

（2）确定定位基准和夹紧方式　在确定定位基准和夹紧方式时，应力求设计、工艺与编程计算的基准统一，减少装夹次数，尽量避免采用占机人工调整式方案。

（3）选择夹具　数控加工对夹具有两个基本要求：一是要保证夹具的坐标方向与机床的坐标方向相对固定，二是要能协调零件与机床坐标系的尺寸。此外，当零件加工批量小时，尽量采用组合夹具、可调式夹具以及其他通用夹具；成批生产时才考虑专用夹具；零件装卸要方便、可靠。

（4）选择刀具　数控机床刀具的选择应符合相关标准的规定。

7. 数控加工专用技术文件的编写

数控加工程序说明卡的主要内容包括：所用数控设备的型号及控制机型号；对刀点及允许的对刀误差；工件相对于机床的坐标方向及位置（用简图表达）；镜像加工使用的对称轴；所用刀具的规格、图号及其在程序中对应的刀具号（如 D03 或 L02 等），必须按实际刀具半径或长度加大或缩小补偿值的特殊要求（如用同一个程序、同一把刀具进行粗加工，而利用加大刀具半径补偿值进行时），更换该刀具的程序段号等；整个程序加工内容的顺序安排；子程序的说明；其他需要做特殊说明的问题等。

数控加工进给路线主要反映加工过程中刀具的运动轨迹。其作用一方面是方便编程人员编程；另一方面是帮助操作人员了解刀具的进给轨迹（如从哪里下刀，在哪里抬刀，哪里是斜下刀等），以便确定夹紧位置和控制夹紧元件的高度。

八、典型零件机械加工工艺规程制订实例

机械产品中的零件虽然各式各样，但它的形状、结构、工作特点等在不同方面、不同程度上存在着一定的共性，生产中往往根据其形状、结构的特征，一般将零件分为轴套类、盘类、箱体类、异形类等类型。各类零件虽在多方面各具特点，但每类零件均具有一定的共性问题及加工规律。

例8-11 在成批生产条件下，加工图 8-13 所示的零件，其机械加工工艺过程如下：

1) 在车床上整批加工零件的小端端面、小端外圆（粗车、半精车）、台阶面、退刀槽、小端孔（粗车、精车）、内外倒角。

2) 调头，在同一台车床上加工整批零件的大端端面、大端外圆及倒角。

3) 在立式钻床上利用分度夹具加工四个螺纹孔。

4) 在外圆磨床上粗磨、精磨 ϕ120h6 外圆。

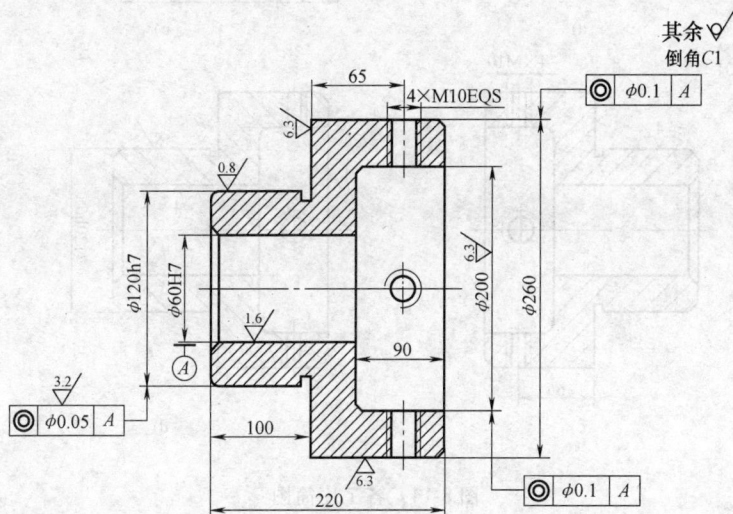

图 8-13 零件图

试列出其工艺过程的组成，并确定各工序的定位基准，画出各工序的工序简图，标明加工面、定位基准，用数字标明所消除的自由度数，用文字分析说明工艺过程。

解 工序 Ⅰ 为车削，如图 8-14a 所示，一次安装，工步为：①车端面；②粗车外圆；③车台阶面；④车退刀槽；⑤粗车孔；⑥半精车外圆；⑦精车孔；⑧外圆倒角；⑨内圆倒角。

工序 Ⅱ 为车削，如图 8-14b 所示，一次安装，工步为：①车端面；②车外圆；③车内孔；④倒角。

工序 Ⅲ 为钻削，如图 8-14c 所示，一次安装，四个工位，工步为：①钻四个孔；②攻四个螺纹孔。

工序 Ⅳ 为磨削，如图 8-14d 所示，一次安装，工步为：①粗磨外圆；②精磨外圆。

例8-12 试拟订图 8-15 所示零件的加工工艺路线。已知生产数量为 10 件。

分析：该零件属于典型的轴类零件。零件使用性能没有提出特殊要求，材料为 40Cr，且生产 10 件，属于单件小批生产，故可采用热轧圆钢下料；主要加工面有 ϕ28h6、$Ra = 0.4\mu m$ 外圆，ϕ25h6、$Ra = 0.4\mu m$ 外圆，ϕ32f7、$Ra = 1.6\mu m$ 外圆，左端齿形面、8 级精度、齿顶和分度圆表面粗糙度值分别为 $Ra = 3.2\mu m$ 和 $Ra = 1.6\mu m$，根据加工精度和表面粗糙度值选择即可；此外，各外圆对轴线有 0.03mm 的跳动要求，图中已给出中心孔要求，加工中采用轴线作为定位基准，在一次安装中加工多个表面，此项要求很容易满足；大多数表面的

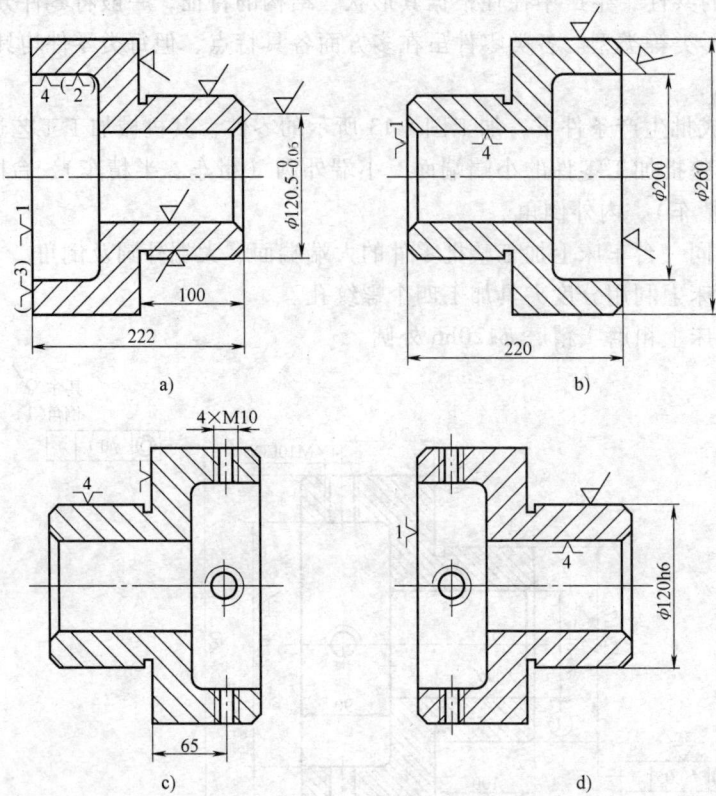

图 8-14　各工序简图

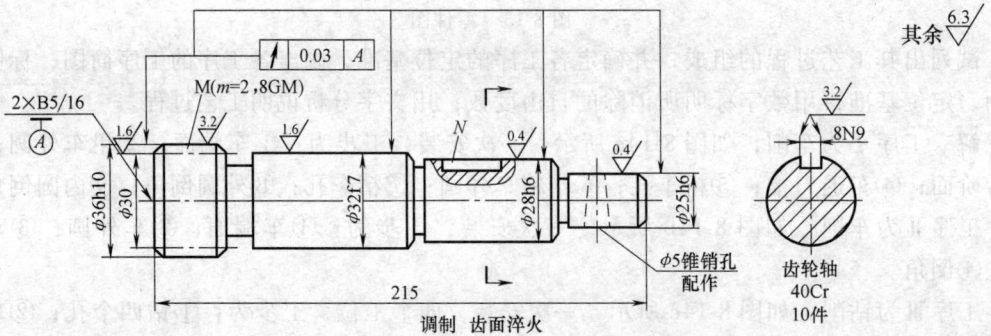

图 8-15　零件加工工艺路线的拟订

热处理为调质处理，不需考虑热处理对加工顺序的影响；齿形有淬火要求，故齿形的精加工宜选择磨削类方法。

解　该零件的工艺路线如下：下料→车端面、钻中心孔→粗车→调质处理→半精车→滚齿→齿面淬火→配钻销孔→铣键槽→珩齿→粗磨 $\phi28h6$、$\phi25h6$、$\phi32f7$ 外圆→精磨 $\phi28h6$、$\phi25h6$ 外圆→检验→入库。

常见错误解析：在解答本题时，经常会将"车端面、钻中心孔"这一工序漏掉。主要原因在于对安排加工顺序的原则理解不够，尤其是"基准先行"原则；实际上在轴类零件加工中，"车端面、钻中心孔"这一工序体现了"基准先行"和"先面后孔"两个原则。

例 8-13　试拟订图 8-16 所示零件的成批生产工艺路线，并指出各工序的定位基准。

分析：该零件属于典型的盘类零件。零件使用性能没有提出特殊要求，材料为 HT150，属于成批生产，故毛坯采用铸造毛坯；主要加工面有 $\phi 20H7$、$Ra = 1.6\mu m$ 孔、$3 \times \phi 10H7$、$Ra = 1.6\mu m$ 孔，根据加工精度和表面粗糙度值选择即可。中心轴线为设计基准，且 $\phi 20H7$ 孔精度较高，因此可以作为主定位基准面。

解　该零件的工艺路线见表 8-1。

第一道工序采用外圆面作为定位基准，其他工序则均采用 $\phi 20H7$ 孔及一个端面作为定位基准。

图 8-16　零件图

常见错误解析：在第一道工序时往往只对 $\phi 20H7$ 孔进行钻削，然后即以其定位加工其他表面。主要原因是认为加工中一定要划分加工阶段。其实对于一个结构相对简单而且没有热处理要求的零件而言，加工阶段的划分是相对的，也是比较模糊的；如在加工基准时，往往为了保证定位精度，基准面的精度一般要求较高，以保证加工质量，但这并未与满足划分加工阶段的原则相矛盾。

表 8-1　零件成批生产的工艺路线

工　序	工序内容	定位基准
1	车端面，钻、扩、铰 $\phi 20H7$ 基准孔	外圆和端面
2	车另一端面及外圆	内孔和端面
3	插键槽	内孔和端面
4	钻、扩、铰 $3 \times \phi 10H7$ 孔	内孔和端面
5	检验	

例 8-14　编制图 8-17 所示的双联齿轮的机械加工工艺规程。材料为 40Cr，齿面高频感应淬火，大批生产。写出工序号、工序内容、定位基准及设备名称。

解　该零件的工艺路线见表 8-2。

表 8-2　零件大批生产的工艺路线

序号	工序内容	定位基准	设　备
1	车端面 B，车内孔，内孔倒角	小端外圆	车床
2	车端面 A，车内孔及割槽，内孔倒角	大端外圆、内孔	车床
3	上心轴，粗车各部分	大端面、内孔	车床

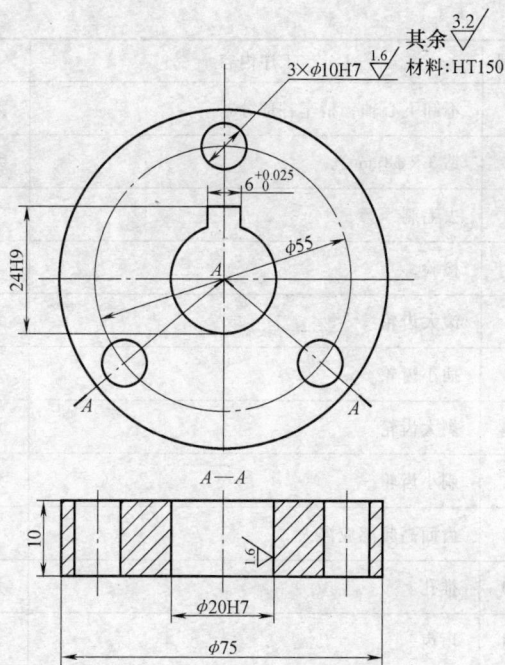

（续）

序号	工序内容	定位基准	设　备
4	不卸下心轴，精车各部分	大端面、内孔	车床
5	钻 $3 \times \phi 8$mm 孔	大端面、内孔	钻床
6	去毛刺		
7	检验		
8	滚大齿轮	大端面、内孔	滚齿机
9	插小齿轮	大端面、内孔	插齿机
10	剃大齿轮	大端面、内孔	剃齿机
11	剃小齿轮	大端面、内孔	剃齿机
12	齿面高频感应淬火		
13	推孔	大端面、内孔	
14	珩齿	大端面、内孔	珩齿机
15	总检验		

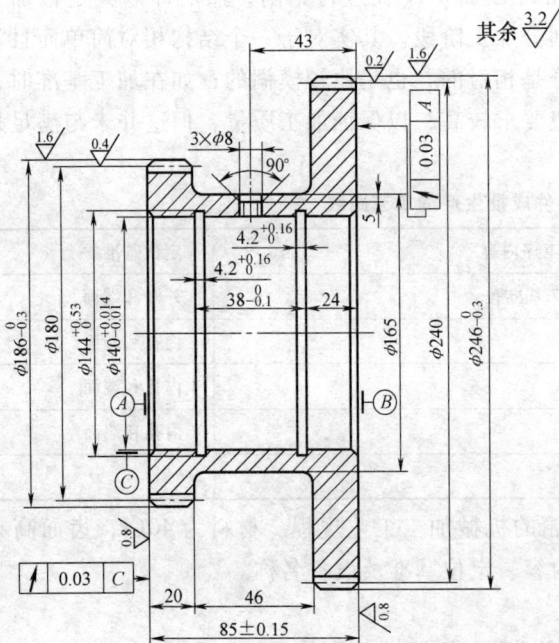

模数/mm	2	3
齿数	28	18
精度等级	7FH	7FH
压力角	20°	20°
变位系数		-0.3
公法线平均长度极限偏差	$21.499_{-0.09}^{-0.08}$	$33.408_{-0.150}^{-0.105}$
径向综合公差	0.063	0.070
齿向公差	0.015	0.015

图 8-17　双联齿轮

第三节　习　　题

一、思考题

1. 什么是"机械加工工艺过程"？什么是"机械加工工艺规程"？

2. 什么是某种加工方法的经济精度？

3. 什么是工序集中和工序分散？各有什么特点？

4. 如何把零件的加工划分为粗加工阶段和精加工阶段？为什么要这样划分？

5. 确定工序加工余量应考虑哪些因素？什么是加工余量？什么是工序间余量和总余量？引起加工余量变动的原因是什么？

6. 工艺尺寸是如何产生的？在什么情况下必须进行工艺尺寸的换算？在工艺尺寸链中，封闭环是如何确定的？

7. 工艺规程在生产中的作用是什么？拟订机械加工工艺规程的原则和步骤有哪些？

8. 什么是工序、安装、工位、工步？

9. 何谓设计基准、工艺基准、工序基准、定位基准、测量基准和装配基准？

10. 何谓粗基准？其选择原则是什么？何谓精基准？其选择原则是什么？

11. 为什么工艺过程要划分加工阶段？

12. 加工工序顺序的安排应遵循哪些原则？

13. 何谓劳动生产率、时间定额、生产成本和工艺成本？

14. 何谓工艺尺寸链？公差大的环是否就是封闭环？

15. 在工艺尺寸链中，加工余量是否一定为封闭环？它在什么情况下为封闭环？

16. 生产过程与工艺过程的含义是什么？两者的主要组成部分有哪些？

17. 生产类型分为哪几类？零件的生产纲领与哪些因素有关？

二、选择题

（一）单项选择题

1. 重要的轴类零件的毛坯通常应选择（　　）。

A. 铸件　　　　　　　B. 锻件　　　　　　　C. 棒料　　　　　　　D. 管材

2. 普通机床床身的毛坯多采用（　　）。

A. 铸件　　　　　　　B. 锻件　　　　　　　C. 焊接件　　　　　　D. 冲压件

3. 基准重合原则是指使用被加工表面的（　　）基准作为精基准。

A. 设计　　　　　　　B. 工序　　　　　　　C. 测量　　　　　　　D. 装配

4. 箱体类零件常采用（　　）作为统一精基准。

A. 一面一孔　　　　　B. 一面两孔　　　　　C. 两面一孔　　　　　D. 两面两孔

5. 经济加工精度是指在（　　）条件下所能保证的加工精度和表面粗糙度。

A. 最不利　　　　　　B. 最佳状态　　　　　C. 最小成本　　　　　D. 正常加工

6. 铜合金 7 级精度外圆表面加工通常采用（　　）的加工路线。

A. 粗车　　　　　　　　　　　　　　B. 粗车—半精车

C. 粗车—半精车—精车　　　　　　　D. 粗车—半精车—精磨

7. 淬火钢 7 级精度外圆表面常采用的加工路线是（　　）。

A. 粗车—半精车—精车　　　　　　　B. 粗车—半精车—精车—金刚石车

C. 粗车—半精车—粗磨　　　　　　　D. 粗车—半精车—粗磨—精磨

8. 铸铁箱体上 $\phi120H7$ 孔常采用的加工路线是（　　）。

A. 粗镗—半精镗—精镗　　　　　　　B. 粗镗—半精镗—铰

C. 粗镗—半精镗—粗磨　　　　　　　D. 粗镗—半精镗—粗磨—精磨

9. 为改善材料切削性能而进行的热处理工序（如退火、正火等），通常安排在（　　）进行。

A. 切削加工之前　　　　B. 磨削加工之前

C. 切削加工之后　　　　D. 粗加工后、精加工前

10. 工序余量公差等于（　　）。

A. 上道工序尺寸公差与本道工序尺寸公差之和

B. 上道工序尺寸公差与本道工序尺寸公差之差

C. 上道工序尺寸公差与本道工序尺寸公差之和的二分之一

D. 上道工序尺寸公差与本道工序尺寸公差之差的二分之一

11. 直线尺寸链采用极值算法时，其封闭环的下偏差等于（　　）。

A. 增环的上偏差之和减去减环的上偏差之和

B. 增环的上偏差之和减去减环的下偏差之和

C. 增环的下偏差之和减去减环的上偏差之和

D. 增环的下偏差之和减去减环的下偏差之和

12. 直线尺寸链采用概率算法时，若各组成环均接近正态分布，则封闭环的公差等于（　　）。

A. 各组成环中公差的最大值　　B. 各组成环中公差的最小值

C. 各组成环公差之和　　　　　D. 各组成环公差平方和的平方根

13. 派生式 CAPP 系统以（　　）为基础。

A. 成组技术　　　　　B. 数控技术　　　　　C. 运筹学　　　　　D. 网络技术

14. 工艺路线优化问题实质上是（　　）问题。

A. 寻找最短路径　　　B. 寻找最长路径　　　C. 寻找关键路径　　　D. 工序排序

（二）多项选择题

1. 选择粗基准最主要的原则是（　　）。

A. 保证相互位置关系原则　　B. 保证加工余量均匀分配原则

C. 基准重合原则　　　　　　D. 自为基准原则

2. 采用统一精基准原则的好处有（　　）。

A. 有利于保证被加工面的形状精度　　　　　B. 有利于保证被加工面之间的位置精度

C. 可以简化夹具设计与制造　　　　　　　　D. 可以减小加工余量

3. 平面加工方法有（　　）等。

A. 车削　　　　　　　B. 铣削　　　　　　　C. 磨削　　　　　　　D. 拉削

4. 研磨加工可以（　　）。

A. 提高加工表面尺寸精度　　B. 提高加工表面形状精度

C. 降低加工表面粗糙度值　　D. 提高加工表面的硬度

5. 安排加工顺序的原则有（　　）和先粗后精。

A. 先基准后其他　　　B. 先主后次　　　　　C. 先面后孔　　　　　D. 先难后易

6. 采用工序集中原则的优点是（　　）。

A. 易于保证加工面之间的位置精度　　　　　B. 便于管理

C. 可以降低对工人技术水平的要求　　　　　D. 可以缩短工件装夹时间

7. 最小余量包括（　　）和本工序安装误差。

A. 上一工序尺寸公差　　　　　　　　　　　B. 本工序尺寸公差

C. 上一工序表面粗糙度和表面缺陷层厚度　　D. 上一工序留下的形位误差

8. CAPP 系统按其工作原理可划分为（　　）和综合式。

A. 全自动式　　　　　B. 半自动式　　　　　C. 派生式　　　　　D. 创成式

9. 单件时间（定额）包括（　　）等。

A. 基本时间　　　　　　　　B. 辅助时间

C. 切入、切出时间　　　　　D. 工作地服务时间

10. 辅助时间包括（　　）等。

A. 装卸工件时间　　　　　　B. 开停机床时间

C. 测量工件时间　　　　　　D. 更换刀具时间

11. 提高生产率的途径有（　　）等。

A. 缩短基本时间　　　　　　B. 缩短辅助时间

C. 缩短休息时间　　　　　　D. 缩短工作地服务时间

三、判断题

1. 工艺规程是生产准备工作的重要依据。（　　）

2. 编制工艺规程不需考虑现有生产条件。（　　）

3. 编制工艺规程时应先对零件图进行工艺性审查。（　　）

4. 粗基准一般不允许重复使用。（　　）

5. 轴类零件常使用其外圆表面作为统一的精基准。（　　）

6. 淬硬零件的孔常采用钻（粗镗）—半精镗—粗磨—精磨的工艺路线。（　　）

7. 铜、铝等有色金属及其合金宜采用磨削方法进行精加工。（　　）

8. 抛光加工的目的主要是减小加工表面的表面粗糙度值。（　　）

9. 工序余量等于上道工序尺寸与本道工序尺寸之差的绝对值。（　　）

10. 中间工序尺寸公差常按各自采用的加工方法所对应的加工经济精度来确定。（　　）

11. 直线尺寸链中必须有增环和减环。（　　）

12. 工艺尺寸链组成环的尺寸是由加工直接得到的。（　　）

13. 采用 CAPP 有利于实现工艺过程设计的优化和标准化。（　　）

14. 派生式 CAPP 系统具有较浓厚的企业色彩。（　　）

15. 创成式 CAPP 系统以成组技术为基础。（　　）

16. 在工艺成本中可变费用是指与年产量无关的费用。（　　）

四、计算题

1. 要加工图 8-18 所示零件的上半圆缺口，工序基准的选择有两个方案，试分别计算这两个方案的工序尺寸。

方案一：以小孔孔壁作为工序基准，工序尺寸为 A_1。

方案二：以外圆下素线作为工序基准，工序尺寸为 A_2。

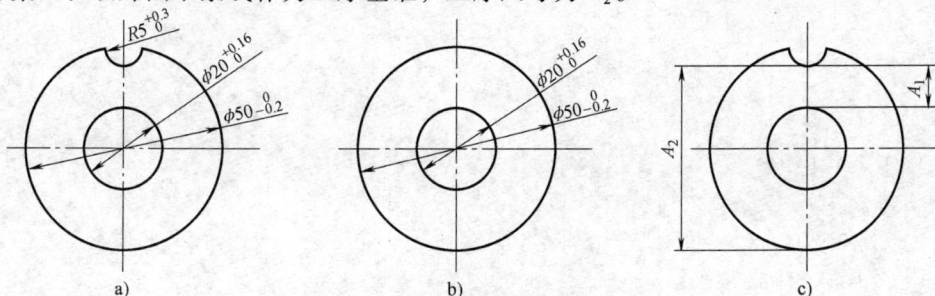

图 8-18　零件图及相关工序图

a) 零件图　b) 工序 5：车外圆、内孔　c) 工序 10：铣槽

2. 轴颈衬套内孔 $\phi145^{+0.04}_{0}$ mm 的表面要求渗氮，深度要求为 0.3～0.5mm，其加工顺序为：

1）磨内孔到 $\phi144.76^{+0.04}_{0}$ mm；

2）渗氮层厚度为 t；

3）磨内孔到 $\phi145^{+0.04}_{0}$ mm。

求渗氮工序的渗氮层厚度 t 为多少才能保证零件要求？

3. 图 8-19 所示轴状零件需镀铬，要求镀铬层厚度为 0.025～0.04mm。镀铬后达到尺寸 $\phi28^{+0.045}_{0}$ mm。其加工顺序为：车外圆—磨外圆—镀铬。求镀前磨削工序尺寸及其公差。

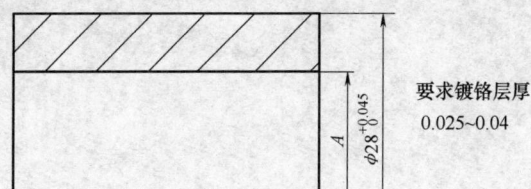

图 8-19 镀铬相关尺寸

4. 加工图 8-20 所示零件时，图样要求保证尺寸（6±0.1）mm，因这一尺寸不便直接测量，只好通过度量尺寸 L 来间接保证。试求工序尺寸 L 及极限偏差。

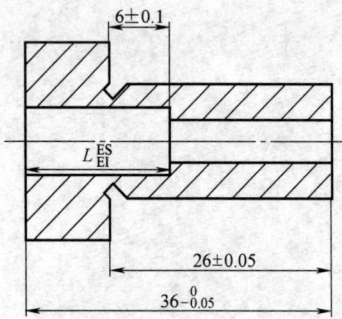

图 8-20　零件加工相关尺寸

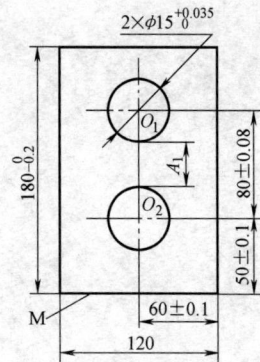

图 8-21　箱体简图

5. 图 8-21 所示为箱体简图（图中只标注有关尺寸）。检验孔距时，因（80 ± 0.08）mm 不便于直接测量，故选取测量尺寸为 A_1。试求工序尺寸 A_1 及极限偏差。

6. 图 8-22 所示的衬套，材料为 20 钢，$\phi 30^{+0.021}_{0}$ mm 内孔表面要求磨削后保证渗碳层深度为 $0.8^{+0.3}_{0}$ mm。已知磨削前精镗工序的工序尺寸及极限偏差为 $\phi 29.8^{+0.021}_{0}$ mm。试求精镗后热处理时渗碳层的深度尺寸及极限偏差。

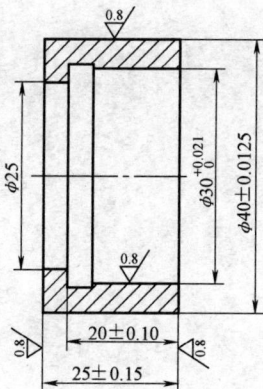

图 8-22 衬套

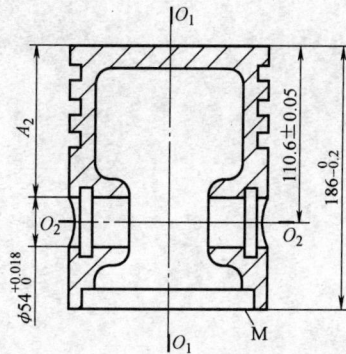

图 8-23 活塞

7. 图 8-23 所示为活塞零件（图中只标注有关尺寸）。若活塞销孔 $\phi 54^{+0.018}_{0}$ mm 已加工完毕，现欲精车活塞顶面，在试切调刀时，需测量尺寸 A_2。试求工序尺寸 A_2 及极限偏差。

8. 图 8-24 所示为轴套零件，在车床上已加工好外圆、内孔及各面。现需在铣床上铣出右端槽，并保证尺寸 $5_{-0.06}^{0}$ mm 及（26 ± 0.2）mm。求试切调刀时的度量尺寸 H、A 及极限偏差。

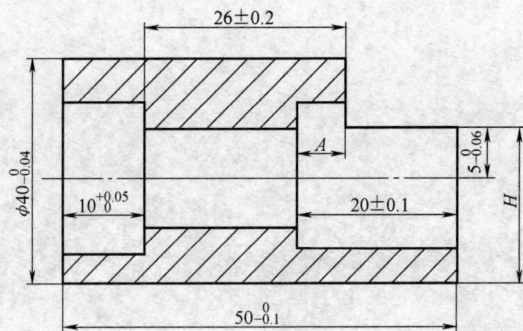

图 8-24　轴套零件

9. 加工一批直径为 $\phi 25_{-0.021}^{0}$ mm，$Ra = 0.8$mm，长度为 55mm 的光轴，材料为 45 钢，毛坯为 ϕ（28 ± 0.3）mm 的热轧棒料。试确定其在大批量生产中的工艺路线以及各工序的工序尺寸、工序公差及极限偏差。

10. 图 8-25a 所示为一轴套零件，尺寸 $38_{-0.1}^{0}$ mm 和 $8_{-0.05}^{0}$ mm 已加工好，图 8-25b、c、d 所示为钻孔加工时三种定位方案的简图。试计算这三种方案的工序尺寸 A_1、A_2 和 A_3。

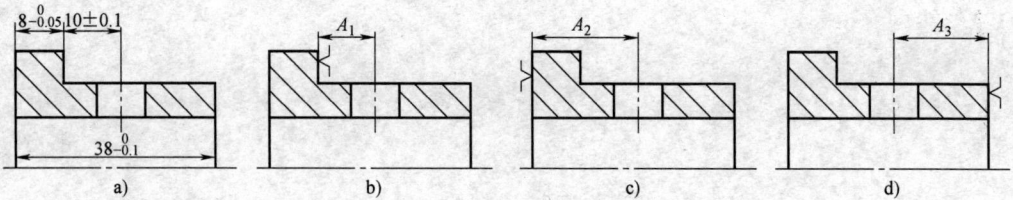

图 8-25　轴套零件的加工

11. 图 8-26 所示为轴承座零件，$\phi 50^{+0.03}_{0}$ mm 孔已加工完毕，现欲测量尺寸 (75 ± 0.05) mm。由于该尺寸不便直接测量，故改测尺寸 H。试确定尺寸 H 的大小及极限偏差。

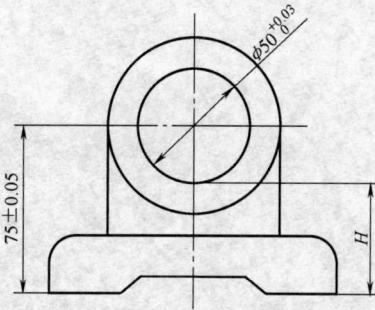

图 8-26　轴承座

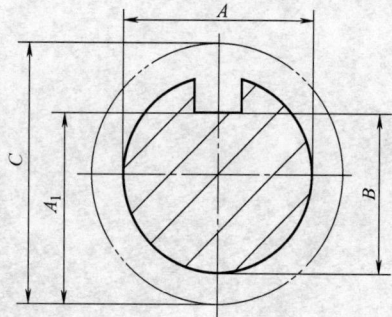

图 8-27　轴及键槽

12. 加工图 8-27 所示的轴及其键槽，图样要求轴径为 $A = \phi30_{-0.032}^{0}$ mm，键槽深度为 $B = 26_{-0.2}^{0}$ mm，有关的加工过程如下：

1）半精车外圆至 $C = \phi30.6_{-0.1}^{0}$ mm；

2）铣键槽至尺寸 A_1；

3）热处理；

4）磨外圆至 $A = \phi30_{-0.032}^{0}$ mm，加工完毕。

试求工序尺寸 A_1。

13. 磨削一表面淬火后的外圆面，磨后尺寸要求为 $\phi 60_{-0.03}^{0}$ mm。为了保证磨后工件表面淬硬层的厚度，要求磨削的单边余量为（0.3 ±0.05）mm。若不考虑淬火时工件的变形，求淬火前精车的直径工序尺寸。

14. 一批轴类零件的部分加工工艺过程为：车外圆至 $\phi 20.6_{-0.03}^{0}$ mm；渗碳淬火，渗入深度为 t；磨外圆至 $\phi 20_{-0.02}^{0}$ mm，同时保证渗碳层深度为 $0.7_{0}^{+0.30}$ mm。试计算渗碳工序渗入深度 t。要求画出工艺尺寸链图，指出封闭环、增环和减环，并计算 t 值。

15. 图 8-28 所示为齿轮内孔插键槽，键槽深度为 $90.4_{\ 0}^{+0.20}$ mm，有关工序尺寸和加工顺序是：

1）车内孔至 $\phi 84.8_{\ 0}^{+0.07}$ mm；

2）插键槽工序尺寸为 A；

3）热处理；

4）磨内孔至 $\phi 85_{\ 0}^{+0.035}$ mm，并间接保证键槽深度尺寸 $\phi 90.4_{\ 0}^{+0.20}$ mm。

用尺寸链极值法求基本尺寸 A 及极限偏差。

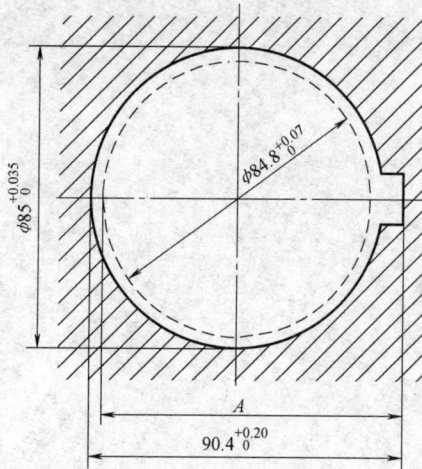

图 8-28　齿轮内孔插键槽

16. 图 8-29 所示零件的设计尺寸为 $10_{-0.36}^{0}$ mm 和 $50_{-0.17}^{0}$ mm，因尺寸 $10_{-0.36}^{0}$ mm 不便测量，改测尺寸 X。试确定 X 的尺寸及极限偏差（用极值法）。

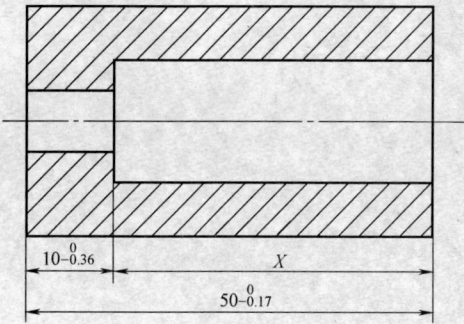

图 8-29 所要测量的零件

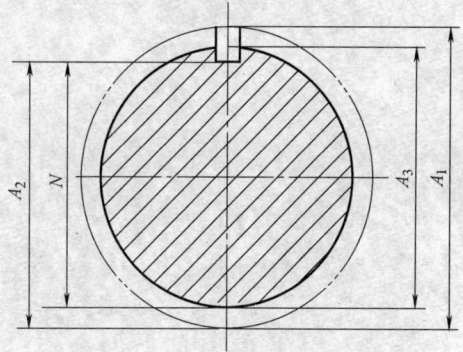

图 8-30 在轴上铣削一个键槽

17. 要求在图 8-30 所示轴上铣削一个键槽。加工顺序为车削外圆 $A_1' = \phi 70.5_{-0.1}^{\ 0}$ mm；铣削键槽尺寸为 A_2；磨外圆 $A_2 = \phi 70_{-0.06}^{\ 0}$ mm，要求磨外圆后保证键槽尺寸为 $N = 62_{-0.3}^{\ 0}$ mm。求键槽尺寸 A_2。

五、综合题

1. 编制图 8-31 所示零件的加工工艺路线。材料为铸铁，大批生产。试写出工序号、工序名称、工序内容、定位基准及加工设备。

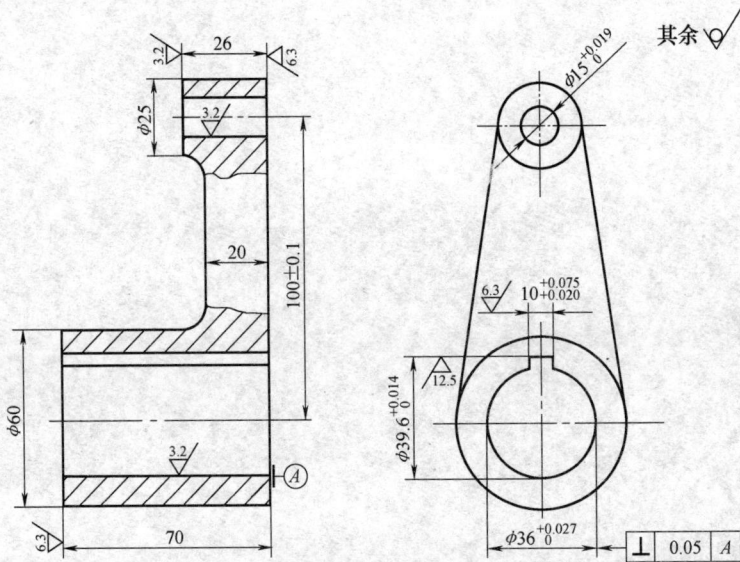

图 8-31 零件图

2. 编辑图 8-32 所示零件的加工工艺路线。材料为铸铁，大批生产。试写出工序号、工序名称、工序内容、定位基准及加工设备。

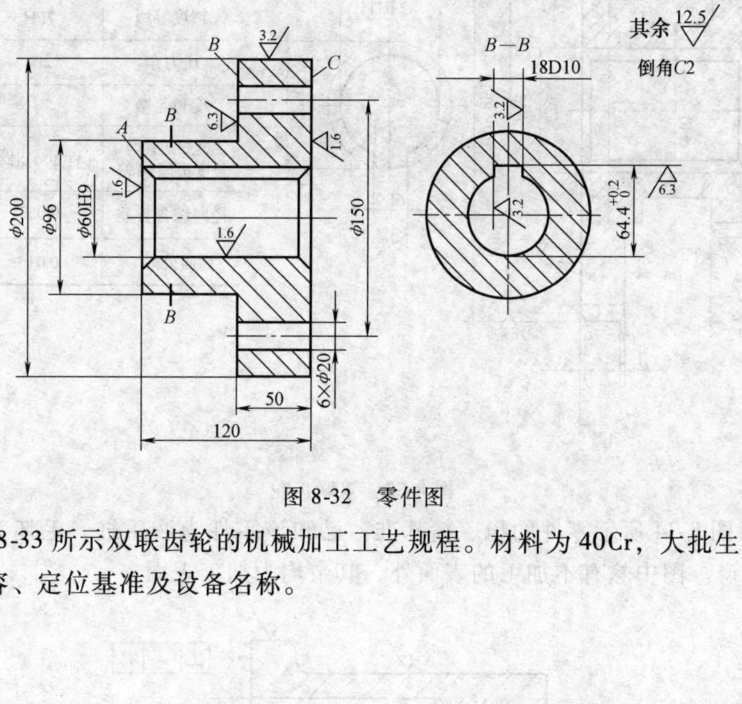

图 8-32　零件图

3. 编辑图 8-33 所示双联齿轮的机械加工工艺规程。材料为 40Cr，大批生产。试写出工序号、工序内容、定位基准及设备名称。

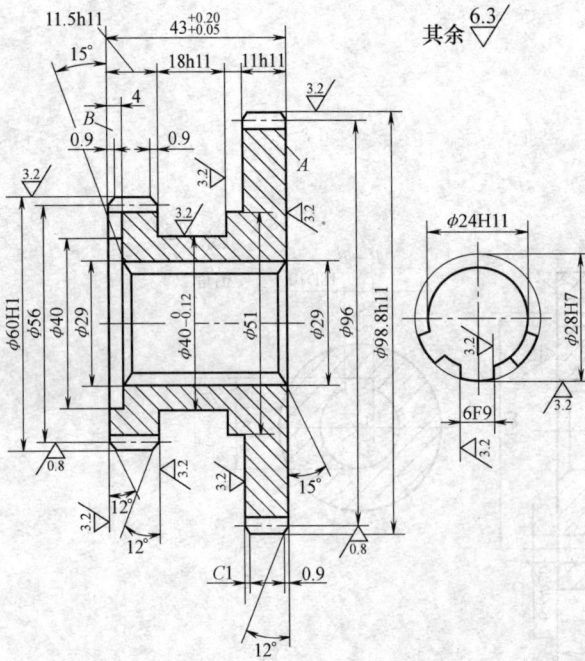

模数/mm	2	3
齿数	28	18
精度等级	7FH	7FH
压力角	20°	20°
变位系数		−0.3
公法线平均长度极限偏差	$21.499^{-0.08}_{-0.09}$	$33.408^{-0.105}_{-0.150}$
径向综合公差	0.063	0.070
齿向公差	0.015	0.015

图 8-33 双联齿轮

4. 试选择图 8-34 所示零件的粗、精基准。已知该零件为液压缸，毛坯为铸铁件，孔已铸出，批量生产。图中除有不加工的表面外，其余均为加工表面。

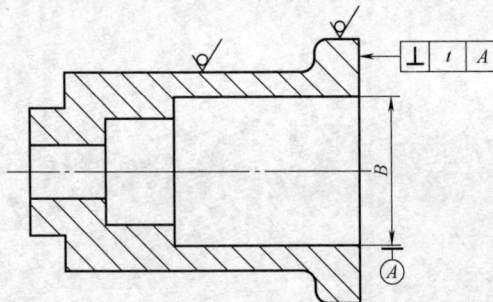

图 8-34 液压缸

第九章　工件在机床上的安装

第一节　基本内容及学习要求

一、基本内容

机床夹具是一种能使工件按照一定的技术要求准确定位和夹紧的工艺装备，它广泛应用于机械加工工艺过程中。正确设计并合理使用机床夹具，是保证产品加工质量、提高效率、降低成本的重要技术手段，也是扩大机床使用范围的技术方法。机床夹具是机械制造技术基础中的重要内容。本章的主要内容包括机床夹具概述，工件的定位原理及定位元件，定位误差分析计算，工件的夹紧及夹紧装置，机床夹具的设计要求及设计步骤，典型机床夹具设计举例等。

二、学习要求

1）了解机床夹具的作用、分类和组成。

2）掌握机床夹具的定位、夹紧的概念，注意区分定位与夹紧。

3）掌握六点定位原理，了解机床夹具的常用定位方式和常用定位元件。掌握过定位和欠定位的概念和实际含义。

4）掌握选择定位基准和定位方案的方法，掌握定位误差的基本概念，并掌握计算典型定位方式（V形块定位、圆柱销定位和一面两销定位）的定位误差方法。能根据工序简图提供的定位方案正确选用定位元件，并对方案进行分析和评价。

5）了解常用的夹紧装置，能根据工序简图提供的装夹方式正确选择夹紧力的作用方向和作用点，正确选择夹紧结构等。

6）了解机床夹具的设计方法。

第二节　重点、难点分析及学习指导

一、机床夹具的概述

定位可使工件获得正确的位置，其安装精度直接影响着加工质量、生产率、劳动条件和加工成本。夹紧可确保定位位置不在加工过程中改变。机床上用来安装工件的装备称为机床夹具，简称夹具。

二、机床夹具的分类

机床夹具可根据通用性、机床类型、生产率、动力类型等进行分类。常用的机床夹具有铣床夹具、钻床夹具和数控机床夹具。

三、工件在夹具中的定位

1. 六点定位原理

任何一个工件在夹具中未定位前，都有六个自由度：沿三个坐标轴的移动自由度和绕三个坐标轴转动的转动自由度。工件定位的实质就是用定位元件来阻止工件的移动或转动，从而限制工件的自由度。

实际工件在加工时需要限制的自由度数目，与该工序的加工精度和要求有密切关系。欠定位无法保证加工精度，因此是绝对不允许存在的。过定位也称重复定位。它是指几个定位支承点重复限制一个或几个自由度的定位。工件是否允许过定位存在，应根据具体情况而定。工件以形状精度和位置精度很低的毛坯表面作为定位基准时，不允许出现过定位；而对于采用形位精度很高的表面作为定位基准时，为了提高工件定位的稳定性和刚度，在一定的条件下是允许采用过定位的。

工件的定位基面有各种形式，如平面、内孔、外圆、圆锥面和型面。

1）工件以平面为定位基准定位时，常用支承钉和支承板作为定位元件。

2）工件以圆柱孔定位时，常用定位心轴、圆柱销、圆锥销作为定位元件。

3）工件以外圆为定位基准时，可以在 V 形块、圆定位套、半圆定位套、锥面定位套和支承板上定位。其中，用 V 形块定位最为常见。

2. 常用典型定位方式所限制的自由度（表9-1）

四、定位误差的计算

掌握机械加工中工件的误差组成及安装误差、调整误差、加工过程误差的定义。深刻领会工件合格的条件。在对定位方案合理性进行分析时，可假定上述允许的最大误差均不超过工件工序尺寸公差的1/3。

1. 定位误差及其组成

当一批工件用夹具来安装，以调整法加工时，它们的工序基准位置在工序尺寸方向上的

表 9-1　常用典型定位方式所限制的自由度

工件的定位面	夹具的定位元件			
	定位情况	一个支承钉	两个支承钉	三个支承钉
平面 — 支承钉	图示	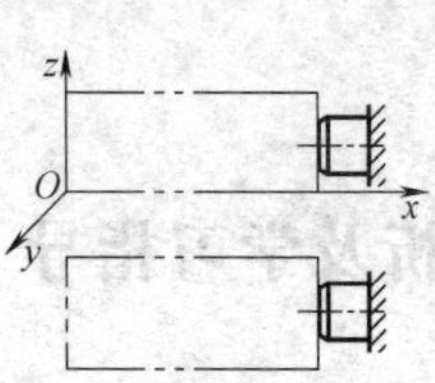	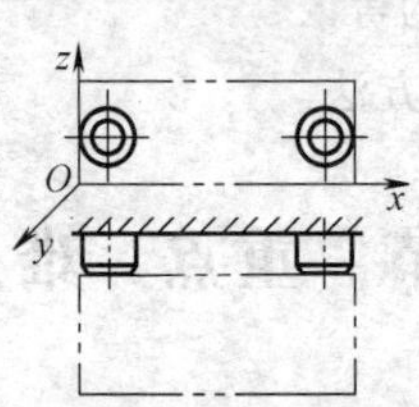	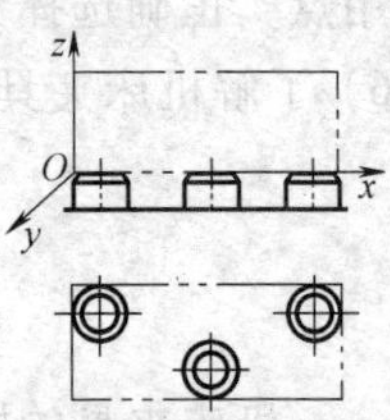
	限制的自由度	$\vec{X}$	$\vec{Y}$、$\vec{Z}$	$\vec{Z}$、$\hat{X}$、$\hat{Y}$
	定位情况	一块条形支承板	两块条形支承板	一块矩形支承板
支承板	图示	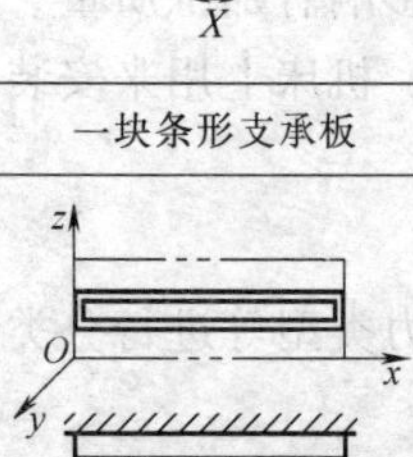	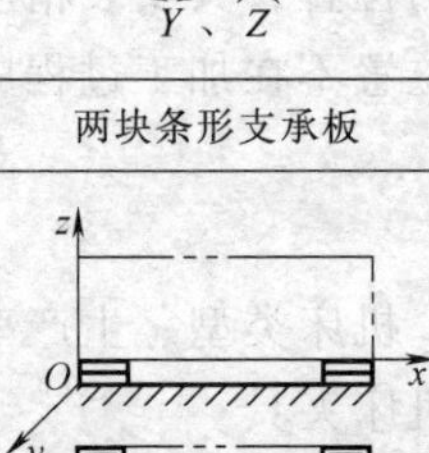	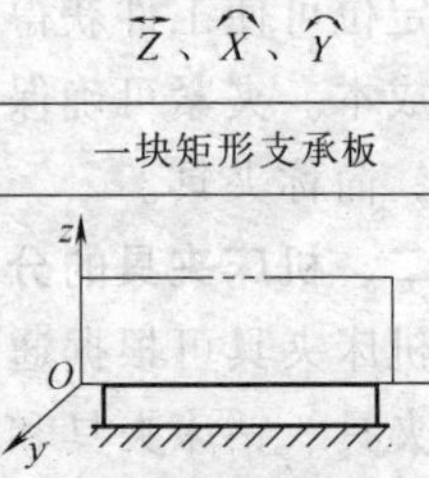
	限制的自由度	$\vec{Y}$、$\vec{Z}$	$\vec{Z}$、$\hat{X}$、$\hat{Y}$	$\vec{Z}$、$\hat{X}$、$\hat{Y}$

（续）

工件的定位面		夹具的定位元件		
	定位情况	短圆柱销	长圆柱销	两段短圆柱销
	图示	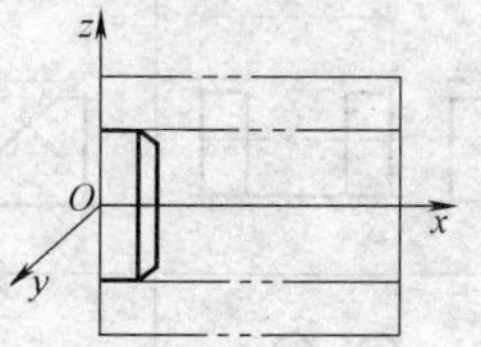	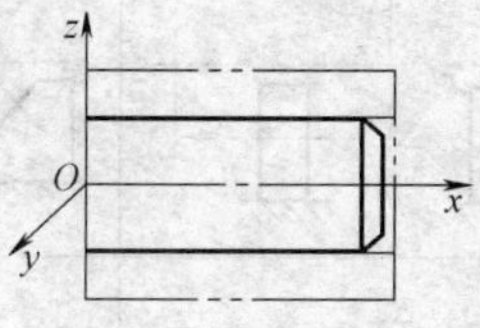	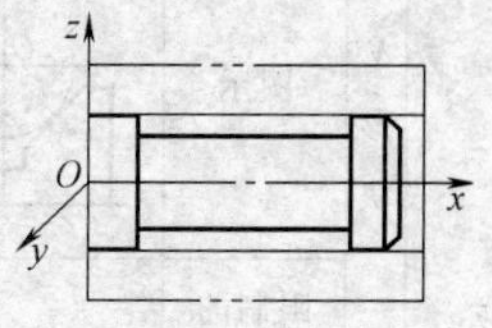
圆柱销	限制的自由度	$\vec{Y}$、$\vec{Z}$	$\vec{Y}$、$\vec{Z}$、$\hat{y}$、$\hat{z}$	$\vec{Y}$、$\vec{Z}$、$\hat{y}$、$\hat{z}$
	定位情况	菱形销	长销小平面组合	短销大平面组合
圆孔	图示			
	限制的自由度	$\hat{z}$	$\vec{X}$、$\vec{Y}$、$\vec{Z}$、$\hat{y}$、$\hat{z}$	$\vec{X}$、$\vec{Y}$、$\vec{Z}$、$\hat{y}$、$\hat{z}$
	定位情况	固定圆锥销	浮动圆锥销	固定圆锥销与浮动圆锥销组合
圆锥销	图示			
	限制的自由度	$\vec{X}$、$\vec{Y}$、$\vec{Z}$	$\vec{Y}$、$\vec{Z}$	$\vec{X}$、$\vec{Y}$、$\vec{Z}$、$\hat{y}$、$\hat{z}$
	定位情况	长圆柱心轴	短圆柱心轴	小锥度心轴
心轴	图示			
	限制的自由度	$\vec{X}$、$\vec{Z}$、$\hat{x}$、$\hat{z}$	$\vec{X}$、$\vec{Z}$	$\vec{X}$、$\vec{Z}$

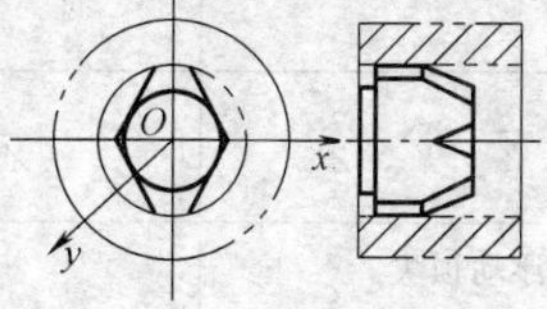

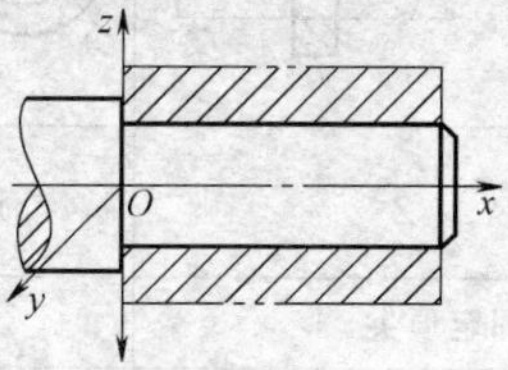

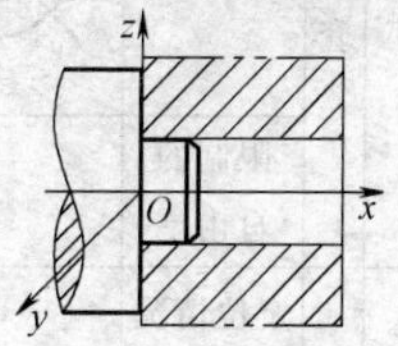

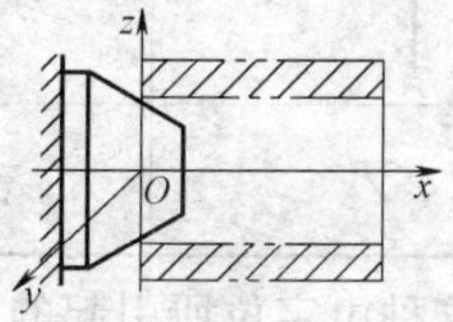

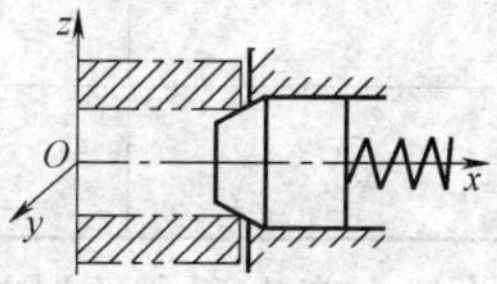

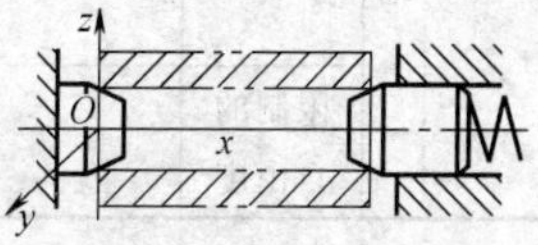

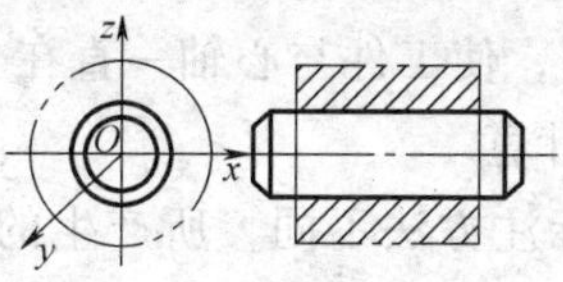

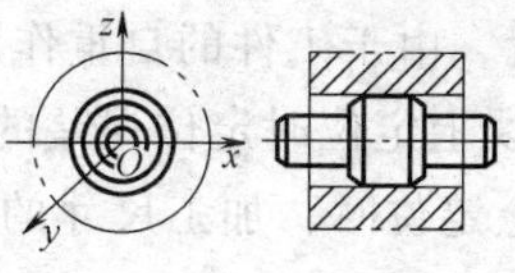

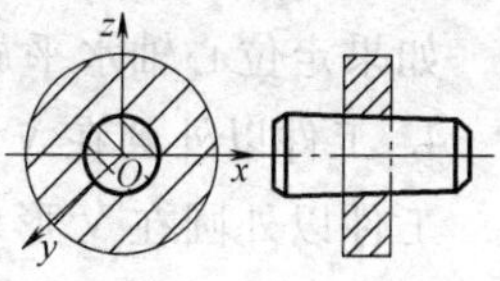

（续）

工件的定位面			夹具的定位元件		
外圆柱面	V形块	定位情况	一块短 V 形块	两块短 V 形块	一块长 V 形块
		图示			
		限制的自由度	$\vec{X}$、$\vec{Z}$	$\vec{X}$、$\vec{Z}$、$\hat{X}$、$\hat{Z}$	$\vec{X}$、$\vec{Z}$、$\hat{X}$、$\hat{Z}$
	定位套	定位情况	一个短定位套	两个短定位套	一个长定位套
		图示			
		限制的自由度	$\vec{X}$、$\vec{Z}$	$\vec{X}$、$\vec{Z}$、$\hat{X}$、$\hat{Z}$	$\vec{X}$、$\vec{Z}$、$\hat{X}$、$\hat{Z}$
	锥顶尖和锥度心轴	定位情况	固定顶尖	浮动顶尖	锥度心轴
圆锥孔		图示			
		限制的自由度	$\vec{X}$、$\vec{Y}$、$\hat{Z}$	$\vec{Y}$、$\vec{Z}$	$\vec{X}$、$\vec{Y}$、$\vec{Z}$、$\hat{Y}$、$\hat{Z}$

变动范围有多大，该加工尺寸就会产生多大的误差。这种由定位所引起的加工尺寸的最大变动范围即为定位误差。理解和掌握定位误差的组成，注意定位误差是矢量，具有方向、大小。

2. 定位误差的计算

进行以平面定位时的定位误差计算和以圆孔定位时的定位误差计算时，注意区分定位时单边接触的情况，如图 9-1 所示。

3. 定位时孔与轴固定单边接触

如果定位心轴水平放置，由于工件的自重作用，使工件与心轴一直在上母线处接触。

4. 工件以外圆在 V 形块上定位时定位误差的计算

工件以外圆在 V 形块上定位时，加工尺寸的标注方法不同，所产生的定位误差也不同。所以定位误差一定是针对具体尺寸而言的。选择定位方案时，依据的是制造工程师设计零件的工艺和工序，定位方案合理与否，可采用该定位方案的定位误差来进行评价。工序尺寸和定位方案密切相关。定位方案的选择是为了确保该工序的工序尺寸和加工精度。

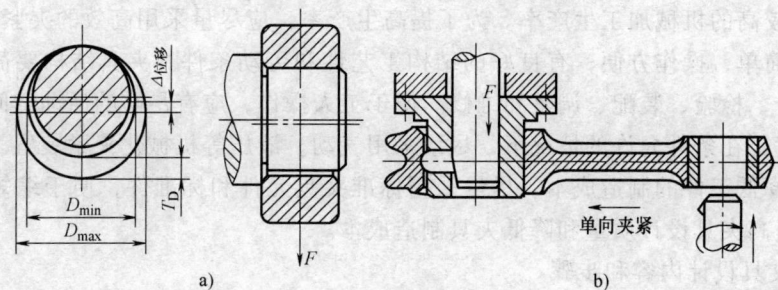

图 9-1　以圆孔定位时工件单向靠紧定位的定位误差
a) 定位心轴水平放置　b) 在夹紧力作用下单向推移工件靠紧定位

五、工件在夹具中的夹紧

1. 夹紧装置的组成

夹紧装置的种类很多，但其结构均由两部分组成：即动力装置和夹紧机构。动力装置产生夹紧力，夹紧机构传递夹紧力。

2. 对夹紧装置的基本要求

1）在夹紧过程中，不改变工件定位后所占据的正确位置。

2）夹紧力的大小适当，一批工件的夹紧力要稳定不变。既要保证工件在整个加工过程中的位置稳定不变，振动小，又要使工件不产生过大的夹紧变形。夹紧力稳定可减小夹紧误差。

3）夹紧可靠，手动夹紧要保证自锁。

4）夹紧装置的复杂程度应与工件的生产纲领相适应。工件的生产批量越大，允许设计越复杂、效率越高的夹紧装置。

5）工艺性好，使用性好。其结构应力求简单，便于制造和维修。夹紧装置的操作应当方便、安全、省力。

3. 夹紧力的确定

确定夹紧力的大小、方向和作用点时，要分析工件的结构特点、加工要求、切削力和其它外力作用于工件的情况，以及定位元件的结构和布置方式。夹紧力的方向和作用点的确定应遵循下列原则：

1）对工件只施加一个夹紧力，或施加几个方向相同的夹紧力时，夹紧力的方向应尽可能朝向主要限位面。

2）夹紧力的作用点应落在定位元件的支承范围内。

3）夹紧力的作用点应落在工件刚性较好的方向和部位。

4）夹紧力的作用点应靠近工件的加工表面。

4. 基本夹紧机构

基本夹紧机构有斜楔夹紧机构、螺旋夹紧机构、偏心夹紧机构等，其特点各不相同。

六、机床夹具的设计方法

1. 机床夹具设计的基本要求

机床夹具设计应满足下列要求：

1）保证加工产品的精度和各项技术要求。要求正确确定定位方案、夹紧方案，正确确定刀具的引导方式，合理制定夹具的技术要求，必要时要进行误差分析与计算。

2）具有较高的机械加工生产率。为了提高生产率，应尽量采用高效的夹紧方法和装置。

3）结构简单，操作方便，有良好的结构工艺性和劳动条件。夹具结构要简单，成本低廉。便于制造、检验、装配、调整和维修。便于工人操作，应有足够的活动空间。为减轻工人的劳动强度，在条件允许的情况下，尽量采用气动、液压等机械化夹紧装置。

4）应能降低工件的制造成本。尽量采用标准夹具元件和标准件，便于缩短夹具的设计制造周期，提高夹具设计质量和降低夹具制造成本。

2. 机床夹具设计内容和步骤

（1）收集、研究有关原始资料，明确设计任务和要求。

1）了解工件的年生产纲领，作为确定夹具方案的依据。单件小批量生产选用通用夹具，大批大量生产选择机动、自动化程度高的方案。接到夹具设计任务书后，要搜集工件的工序卡、零件图及与之相关的部件装配图。

2）深入分析工件的作用、结构特点和技术要求；认真研究加工工艺规程，分析本工序的加工内容、工序尺寸、工序基准和加工要求。

3）了解本工序使用的机床和刀具、切削用量、工步安排、工时定额等，研究分析夹具设计任务书上的定位基准和工序尺寸。

（2）考虑和确定夹具的结构方案

1）根据工序尺寸，分析需要限制的自由度，确定定位方案，选择定位元件，计算该方案的定位误差，对方案进行评估，并最终确定合理的定位方案。

2）确定对刀和导向方式，选择对刀块、定位键和导向元件。

3）确定夹紧方案，选择夹紧机构，较核和估算夹紧力的大小，选择动力源的种类。

4）确定夹具的其他结构形式，如分度装置、夹具和机床的连接方式等。

5）确定夹具体的形式和夹具的总体结构。

一般提出两种以上的方案进行分析比较，最终选取其中合理的结构方案。

（3）绘制夹具的装配草图和装配图　一般先在坐标纸上绘制夹具的装配草图，然后绘制装配图。装配图的主视图应尽量选取与操作者正对的位置，并按照夹具的夹紧位置绘制，松开位置以细双点画线表示，绘制比例一般为1:1。在夹具图上，被加工工件被视为透明体，不会遮挡其他元件。

绘制夹具图的顺序如下：先用细双点画线画出工件的外形轮廓和定位基准、加工面，然后绘制定位件和导向元件，按照夹紧状态画出夹紧装置，绘制其他元件或机构，最后画出夹具体。将上述各部分连成一体，即形成完整的夹具。

（4）确定并标注有关尺寸、配合以及夹具的技术要求

1）夹具总装配图上应标注的尺寸：夹具的外形轮廓尺寸，如长、宽、高等；工件与定位元件间的联系尺寸，如工件基准孔与夹具定位销的配合尺寸；夹具与刀具之间的联系尺寸，如对刀块与定位元件之间的位置尺寸及公差，钻套、镗套与定位元件之间的位置尺寸及公差；夹具与机床连接部分的尺寸，如铣床夹具的定位键与机床工作台T形槽的配合尺寸及公差，车床和磨床夹具连接到机床主轴端的连接尺寸及公差等；夹具的联系尺寸和关键件的配合尺寸，如定位元件间的位置尺寸、定位元件与夹具体的配合尺寸。

2）确定夹具的技术条件，在装配图上需要标出与工序尺寸精度直接有关的各夹具元件之间的相互位置精度要求。如定位元件间的相互位置要求，定位元件与连接元件（夹具通

过连接元件与机床相连）或找正基准面间的相互位置精度要求，对刀元件与连接元件（夹具通过连接元件与机床相连）或找正基准面间的相互位置精度要求，定位元件与导向元件的位置精度要求。

（5）绘制夹具零件图　绘制装配图中非标准零件的零件图，其视图应尽可能与装配图上的位置一致。

（6）编写夹具设计说明书

3. 机床夹具实例

某被加工零件（图9-2a）的夹具设计过程如图9-2 b～e所示。

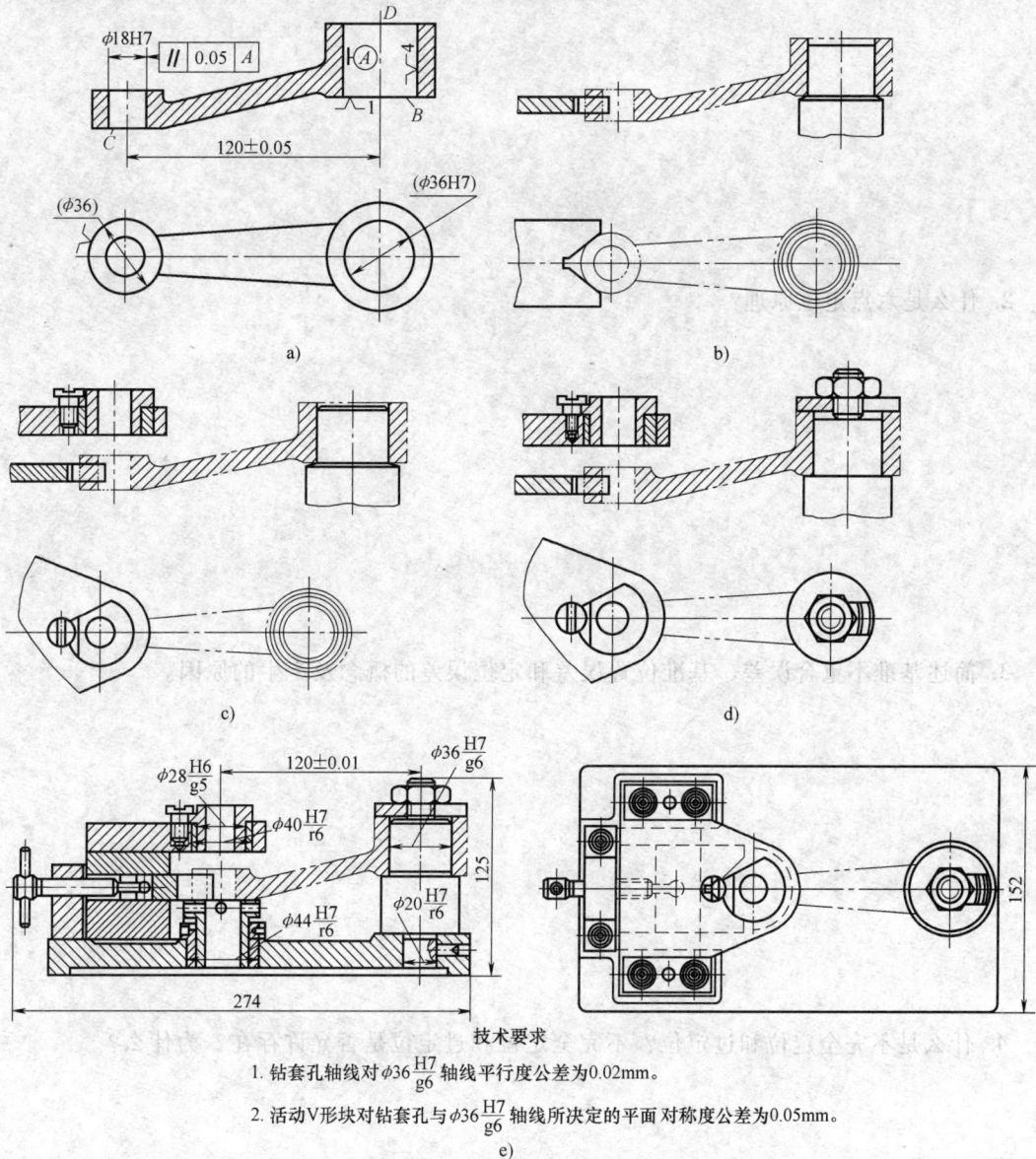

技术要求

1. 钻套孔轴线对$\phi 36\frac{H7}{g6}$轴线平行度公差为0.02mm。

2. 活动V形块对钻套孔与$\phi 36\frac{H7}{g6}$轴线所决定的平面对称度公差为0.05mm。

e)

图9-2　夹具设计过程实例

a）被加工零件　b）设计定位方案　c）刀具导向装置（钻套）的选用　d）设计夹紧装置　e）夹具的总装图

4. 典型夹具

主要掌握铣床类夹具、钻床类夹具和数控机床用夹具。

第三节　习　　题

一、思考题

1. 为什么夹紧不等于定位？

2. 什么是六点定位原理？

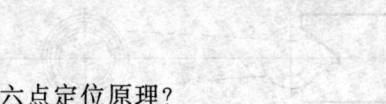

3. 简述基准不重合误差、基准位置误差和定位误差的概念及产生的原因。

4. 什么是不完全定位和过定位？不完全定位和过定位是否允许存在？为什么？

5. 什么是辅助支承？使用时应注意什么？

6. 自位支承与辅助支承有什么不同？

7. 在夹具中对工件进行试切加工时，是否存在定位误差？

8. 夹紧装置的作用是什么？

9. 什么是机床夹具？它由哪些功能元件组成？这些元件的作用是什么？

10. 按照加工工艺不同，夹具的类型有哪些？

11. 设计夹具的夹紧结构时，对夹紧力的三要素有何要求？

二、选择题

1. 锥度心轴限制（　　）个自由度。

A. 二　　　　　　　B. 三　　　　　　　C. 四　　　　　　　D. 五

2. 小锥度心轴限制（　　）个自由度。

A. 二　　　　　　　B. 三　　　　　　　C. 四　　　　　　　D. 五

3. 在球体上钻孔，限制（　　）个自由度。

A. 二　　　　　　　B. 三　　　　　　　C. 四　　　　　　　D. 五

4. 在球体上铣一平面，保证尺寸 H（图9-3a），限制（　　）个自由度。

A. 二　　　　　　　B. 三　　　　　　　C. 四　　　　　　　D. 一

5. 在球体上铣一平面，保证尺寸 H，采用图9-3b所示 V 形块定位，限制了（　　）个
自由度。

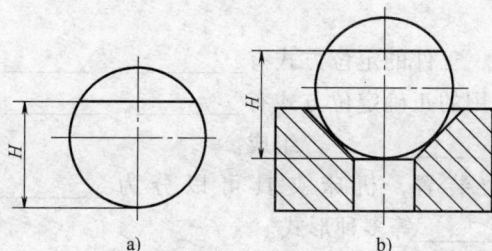

图 9-3　选择题图

A. 二　　　　　　　B. 三　　　　　　　C. 四　　　　　　　D. 一

6. 大批大量生产采用（　　）夹具。

A. 通用　　　　　　B. 专用　　　　　　C. 成组　　　　　　D. 组合

7. 定位基准是（　　）。

A. 夹具上的某些点、线、面　　　　　　　　B. 工件上的某些点、线、面

C. 刀具上的某些点、线、面　　　　　　　　D. 机床上的某些点、线、面

8. 机床夹具中，用来确定工件在夹具中位置的元件是（　　）。

A. 定位件　　　　　　　　　　　　　　　　B. 夹紧件

C. 连接件　　　　　　　　　　　　　　　　D. 对刀一导向件

9. 定位误差主要发生在按（　　）加工的过程中。

A. 调整法　　　　　B. 试切法　　　　　C. 定尺寸刀具法　　D. 轨迹法

10. 加工用夹具的有关尺寸公差通常取零件相应尺寸公差的（　　）。

A. 1/10 ~ 1/5　　　B. 1/5 ~ 1/3　　　C. 1/3 ~ 1/2　　　D. 1/2 ~ 1

11. 工件在夹具中欠定位是指（　　）。

A. 工件实际限制自由度数少于六个　　　　　B. 工件有重复限制的自由度

C. 工件要求限制的自由度未被限制　　　　　D. 工件是不完全定位

三、判断题

1. 确定夹具定位方案时，过定位在精加工时是允许的。（　　）

2. 确定夹具定位方案时，欠定位在精加工时是允许的。（　　）

3. 可调支承在使用时每批毛坯调整一次，调整后不起定位作用，不限制工件的自由度。
（　　）

4. 过定位是指工件实际被限制的自由度数多于工件加工所必须限制的自由度数。
（　　）

5. 任何获得尺寸精度的方法均存在定位误差。（　　）

6. 定位误差是由于夹具定位元件制造不准确所造成的加工误差。（　　）

7. 对一个工件进行试切法加工时，定位误差对加工精度有影响。（　　）

8. 用一面及两个与它垂直的销子做定位时，为了避免过定位，其中一个销子要采用菱
形销。（　　）

9. 定位和夹紧是一回事。（　　）

10. 某个定位方案对某个工序尺寸定位误差就是该工序尺寸的基准不重合误差和基准位
移误差之和。（　　）

四、填空题

1. 根据六点定位原理，工件的定位方式有_____、_____、_____和_____。

2. 工件装夹中，最常用的正确定位方式有_____、_____两种。

3. 机床夹具由_____组成。

4. 按照夹紧的动力装置，机床夹具可以分为_____、_____、_____、_____、_____、_____等多种形式。

5. 钻模的刀具导向装置为_____，铣床夹具的刀具导向装置为_____。

6. 用于自动化生产线上的夹具为_____。

7. 机床夹具的夹紧装置由_____和_____组成。

8. 常用基本夹紧机构有_____、_____和_____三种。

9. 工件的误差通常由_____、_____和_____组成。

10. 定位误差由_____和_____两部分组成。

五、计算题

1. 图 9-4a 所示为在套类工件上铣削键槽，要求保证尺寸 $94_{-0.20}^{\ 0}$ mm。采用图 9-4b 所示的定位销定位方案和图 9-4c 所示的 V 形块定位方案，分别计算定位误差。

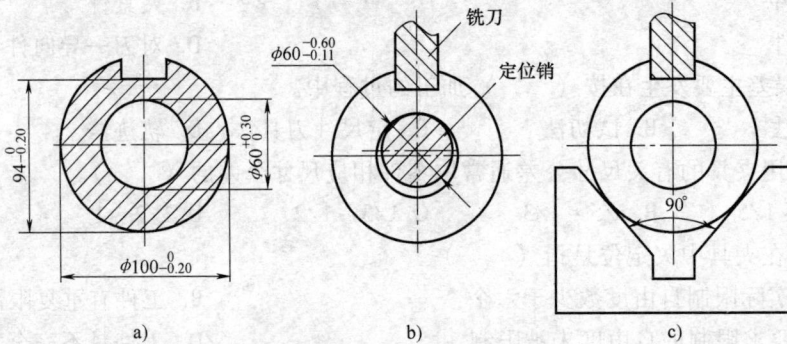

图 9-4　计算题图 1

2. 工件尺寸如图 9-5a 所示，$\phi 40_{-0.03}^{0}$ mm 与 $\phi 35_{-0.02}^{0}$ mm 的同轴度误差为 $\phi 0.02$ mm。现欲钻孔 O，并保证尺寸 $30_{-0.11}^{0}$ mm，以小圆柱面在长 V 形块（V 形块夹角为 90°）上定位。试分析该定位方案限制了哪几个自由度，采用的是哪种定位方式（过定位、欠定位、完全定位或不完全定位）？并计算定位误差。

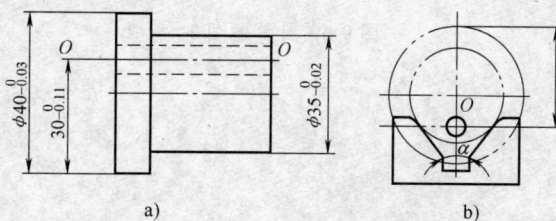

图 9-5　计算题图 2

a）工件图　b）定位简图

3. 铣削图 9-6 所示一批工件上的键槽，并要保证尺寸 $26_{-0.1}^{0}$ mm。已知外径为 $\phi 30_{-0.052}^{0}$ mm，采用夹角为 90°的两个短 V 形块 2、3 和左端支承钉 1 定位。试分析该定位方案限制了哪几个自由度？属于何种定位方式（过定位、欠定位、完全定位或不完全定位）？并计算定位误差，校核其能否满足加工要求。

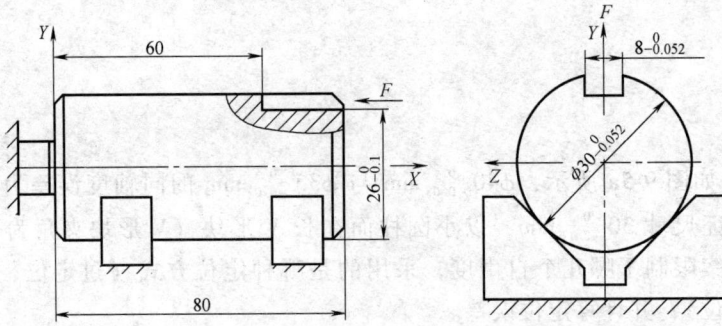

图 9-6 计算题图 3

4. 工件定位如图 9-7 所示。现欲钻孔 O 并保证尺寸 A，试计算此种定位方案的定位误差。

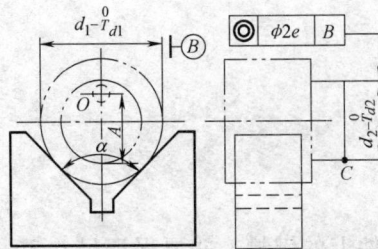

图 9-7 计算题图 4

　　5. 图 9-8 所示为齿轮坯，内孔及外圆已加工合格（$D = 35^{+0.025}_{0}\,\text{mm}$，$d = 80^{0}_{-0.1}\,\text{mm}$），现在插床上以调整法加工键槽，要求保证尺寸 $H = 38.5^{+0.2}_{0}\,\text{mm}$。试计算图示定位方法的定位误差（忽略外圆与内孔同轴度误差）。

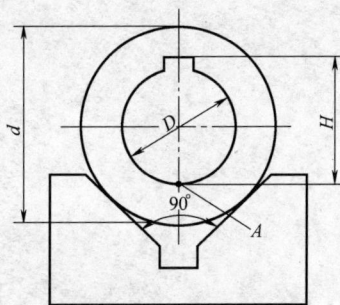

图 9-8　计算题图 5

6. 图 9-9 所示零件的外圆及两端面已加工完毕（外圆直径 $D = 50_{-0.1}^{0}$ mm）。现加工槽 B，要求保证位置尺寸 L 和 H。确定加工时必须限制的自由度；选择定位方法和定位元件，并在图中画出示意图；计算所选定位方法的定位误差。

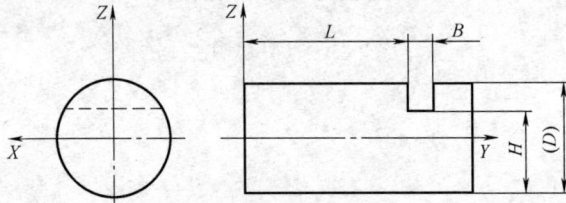

图 9-9　计算题图 6

7. 工件在三个尺寸相同、位置相隔 120° 的短圆柱销上定位，V 形槽宽 $20_{-0.5}^{0}$ mm，加工内孔 A，如图 9-10 所示。试计算加工后一批工件内孔 A 与外圆 $\phi 90_{-0.5}^{0}$ mm 因定位而产生的同轴度误差。

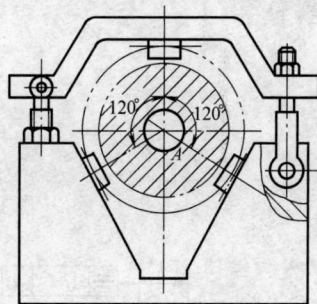

图 9-10　计算题图 7

8. 如图 9-11 所示，工件以外圆为定位表面加工键槽，V 形块夹角为 α。求定位误差 $\Delta_{dw(H_1)}$、$\Delta_{dw(H_2)}$、$\Delta_{dw(H_3)}$、$\Delta_{dw(对称)}$。

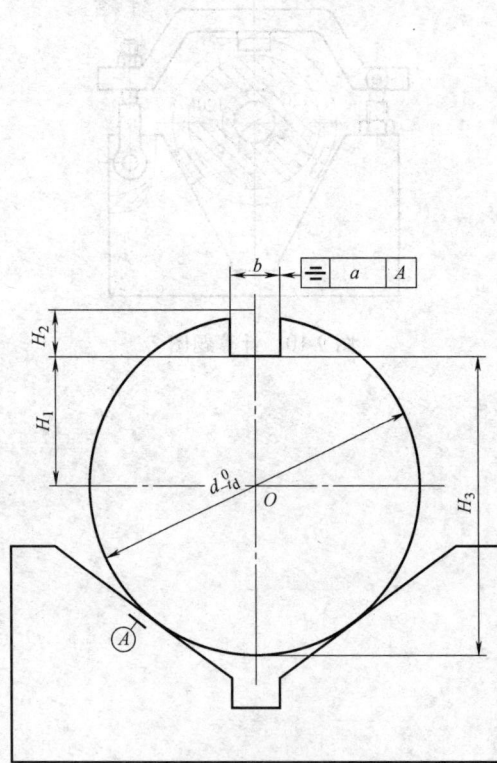

图 9-11 计算题图 8

9. 按图 9-12 所示方式定位铣削轴平面，要求保证尺寸 A。已知 $d = 16_{-0.11}^{0}$ mm，$B = 10_{0}^{+0.3}$ mm，$\alpha = 45°$。试计算此定位方案的定位误差。

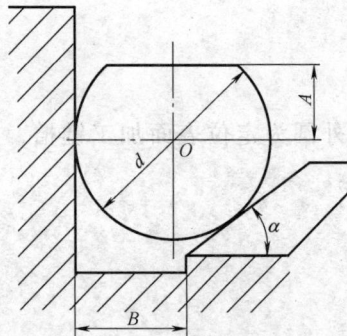

图 9-12 计算题图 9

六、综合题

1. 试分析图 9-13 所示的各定位方案中，各定位元件限制的自由度，并判断有无欠定位或过定位。

1）车阶梯轴小外圆及台阶端面（图 9-13a）；

2）车外圆，保证外圆与内孔同轴（图 9-13b）；

3）钻、铰连杆小头孔，要求保证与大头孔轴线的距离及平行度，并与毛坯外圆同轴（图 9-13c）；

4）在圆盘零件上钻、铰孔，要求与外圆同轴（图 9-13d）。

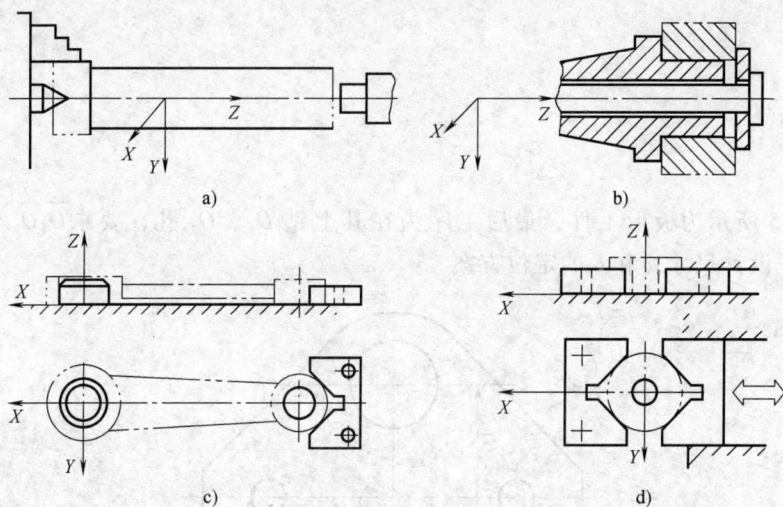

图 9-13　综合题图 1

2. 试分析图 9-14 所示的各零件加工所必须限制的自由度。

1）在球上钻不通孔 ϕB，要求保证尺寸 H；

2）在套筒零件上加工 ϕB 孔，要求与 ϕD 孔垂直相交，且保证尺寸 L；

3）在轴上铣横槽，要求保证槽宽 B 以及尺寸 H 和 L；

4) 在支座零件上铣槽，要求保证槽宽 B 和槽深 H 及与四个分布孔的位置度。

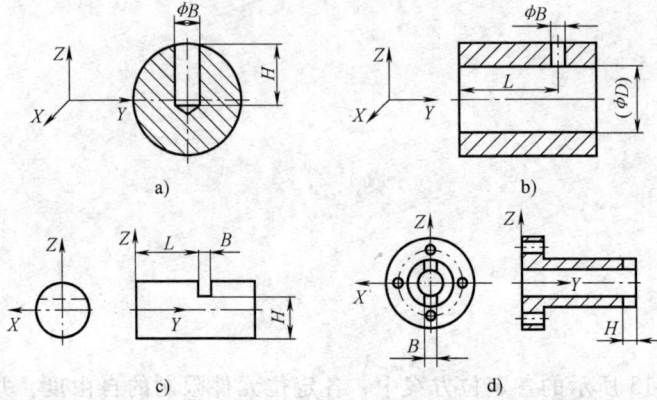

图 9-14　综合题图 2

3. 图 9-15 所示为板形工件，最后工序为在其上钻 O_1、O_2 孔，要求 $\overline{O_1O_2}$ 与 A 面平行。试设计要保证设计尺寸 a 和 b 的定位方案。

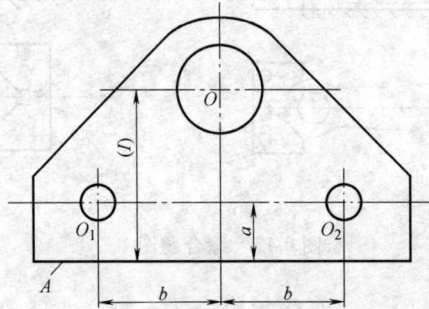

图 9-15　综合题图 3

第十章 机械加工精度

第一节 基本内容及学习要求

一、基本内容

本章主要介绍机械加工精度的基本概念，几何误差，工艺系统受力变形，工艺系统热源，工艺系统热变形，加工误差统计分析等内容。

二、学习要求

1）掌握机械加工精度的基本概念。

2）掌握机械加工工艺系统误差的概念，深刻理解和掌握误差敏感方向的概念及其在机械加工精度分析中的应用。

3）掌握机床主轴回转精度的概念及对加工精度的影响，了解主轴回转误差产生的原因；掌握机床导轨导向精度的概念及对加工精度的影响，了解提高导轨导向精度的措施；掌握机床成形运动之间的位置关系精度和速度关系精度及其对加工精度的影响，了解提高这些精度的措施。

4）掌握工艺系统刚度的概念及其对加工精度的影响，重点掌握切削力作用点位置变化和切削力大小变化对加工形状精度的影响；掌握刚度平衡和误差复映的概念；了解影响工艺系统刚度的因素及减小工艺系统受力变形对加工精度影响的措施。

5）了解工艺系统的热源，掌握工艺系统热变形的规律、特点和工艺系统热变形对加工精度的影响，了解控制工艺系统热变形的措施。

6）掌握加工误差的统计性质，掌握加工误差的分布图分析方法和点图分析方法，深刻理解工艺过程稳定性的概念。

第二节 重点、难点分析及学习指导

一、概述

1. 机械加工精度的基本概念

机械加工精度是指零件加工后的实际几何参数（尺寸、形状和位置）与理想几何参数的符合程度。加工误差是指零件加工后的实际几何参数与理想几何参数的偏差程度。

零件的机械加工精度包含三方面的内容：尺寸精度、形状精度和位置精度。

2. 获得加工精度的方法

（1）尺寸精度 机械加工中，获得尺寸精度的方法有四种：试切法、调整法、定尺寸刀具法和自动获得法。

（2）形状精度 机械加工中，获得零件形状精度的方法有：机床运动轨迹法、成形法、仿形法、展成法。

3. 影响加工精度的因素

在机械加工中，机床、夹具、刀具和工件组成工艺系统。影响加工精度的因素主要有以下几个方面：

1）工艺系统的几何误差。它包括机床误差、刀具误差、夹具误差。

2）工艺系统的受力变形。它包括机床的受力变形、工件的受力变形、刀具的受力变形。

3）工艺系统的受热变形。它包括机床的受热变形、工件的受热变形、刀具的受热变形。

4）加工过程中的其他误差。它包括原理误差、调整误差、度量误差。

二、工艺系统几何误差对加工精度的影响

1. 机床误差

机床误差包括机床制造误差、磨损和安装误差。

（1）主轴回转精度

1）主轴回转精度的概念。主轴的回转精度是机床的主要运动精度之一，它直接影响工件的圆度以及端面对外圆的垂直度。主轴回转精度包括：

① 径向圆跳动：又称径向飘移，是指主轴瞬时回转中心线相对平均回转中心线所作的公转运动。车削外圆时，它影响被加工工件圆柱面的圆度和圆柱度误差。

② 轴向窜动：在车削端面时，它使工件端面产生垂直度、平面度误差和轴向尺寸精度误差；在车削螺纹时，它使螺距产生误差。

③ 角度摆动：它影响被加工工件圆柱度与端面的形状误差。

2）影响主轴回转精度的因素。主轴是在前、后轴承的支承下进行回转的，因此，回转精度主要受主轴支承轴颈、轴承及支承轴承的表面精度影响。

例10-1 滚动轴承中，滚动体的尺寸误差对主轴回转精度有什么影响？

答 若滚动轴承中滚动体大小的不一致，将引起主轴径向跳动。当最大的滚动体通过承载区一次时，主轴回转轴线跳动一次，其频率与保持架转速有关。通常保持架转速约为内环转速的1/2。故每当主轴旋转两周这种径向圆跳动发生一次，常称为"双转跳动"。

例10-2 工厂常用图10-1所示方法测量主轴回转精度，这种方法存在什么问题？

答 1）不能把不同性质的误差区分开来，如测量心轴本身的误差、主轴锥孔误差、锥孔与主轴回转轴线的同轴度误差等。

2）不能反映主轴在工作转速下的回转精度。

（2）导轨的几何精度 它包括：导轨在垂直平面内的直线度，导轨在水平面内的直线度，两导轨的平行度（导轨扭曲）。

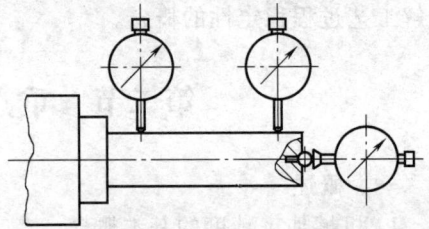

图10-1 例10-2图

（3）机床的传动链精度 影响传动精度的因素有：传动件本身的制造精度和装配精度，各传动件及支承元件的受力变形，各传动件在传动链中的位置，传动件的数目。

2. 刀具误差

刀具误差对工件加工精度的影响，主要表现为刀具的制造误差和尺寸的磨损。

3. 夹具误差

夹具误差包括定位误差、夹紧误差、夹具的安装误差以及夹具在使用过程中的磨损等。这些误差影响到被加工工件的位置精度、形状精度和尺寸精度。

三、工艺系统受力变形对加工精度的影响

1. 基本概念

（1）受力变形现象 在机械加工中，工艺系统在切削力、夹紧力、传动力、惯性力等外力的作用下会发生变形。

（2）工艺系统刚度 刚度是指工艺系统在外力作用下抵抗变形的能力。

$$K = \frac{F}{Y} \tag{10-1}$$

式中 K——静刚度（N/mm）；

F——沿变形方向上的静载荷大小（N）；

Y——静变形量（mm）。

（3）工艺系统刚度的计算

$$Y_{st} = Y_{jc} + Y_{j} + Y_{d} + Y_{g} \tag{10-2}$$

式中 Y_{st}——工艺系统的变形量；

Y_{jc}——机床的变形量；

Y_{j}——夹具的变形量；

Y_{d}——刀具的变形量；

Y_{g}——工件的变形量。

2. 切削力及其他作用力对加工精度的影响

（1）切削力对加工精度的影响 了解切削力作用点位置变化和切削力大小变化产生的加工误差。

在机械加工过程中，由于加工余量不均或材料硬度不一致，也会影响工件的加工精度。

在图 10-2 中，工件毛坯存在椭圆形圆度误差。车削时毛坯的长半径处有最大余量 a_{p1}，短半径处有最小余量 a_{p2}。背吃刀量的变化引起切削力的变化，使工艺系统变形，也产生相应变化。对应于 a_{p1}，系统变形为 Y_{1}，对应于 a_{p2}，系统变形为 Y_{2}，因此加工出的零件仍存在椭圆形圆度误差，这种现象称为误差复映。理解在精加工时要进行多次进给来获得所需的精度。误差在多次复映后，总复映系数 $\varepsilon_{z} = \varepsilon_{1}\varepsilon_{2}\cdots$

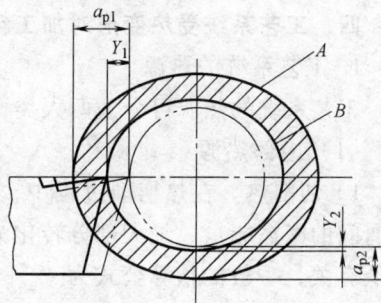

图 10-2 毛坯误差的复映

ε_{n}，ε_{z} 远小于 1。

（2）其他作用力对加工精度的影响

1）夹紧力产生的加工误差。图 10-3 所示为用三爪装夹、加工薄壁套内孔。夹紧后，工件内孔变形为三棱形（图 10-3a），内孔加工后为圆形（图 10-3b）。但松开后弹性恢复，该孔便成为三棱形

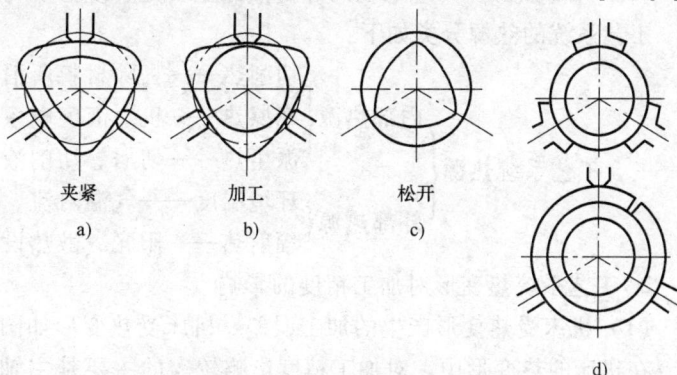

夹紧 加工 松开

a) b) c)

d)

图 10-3 夹紧力引起的加工误差

（图 10-3c）。为了减小夹紧变形，可以采用图 10-3d 所示的大三爪，以增加接触面积，减小压强，或用开口垫套来增大夹紧力的接触面积。

2）惯性力产生的加工误差。在图 10-4 中，惯性力在加工误差敏感方向上的分力和切削力的方向，有时相同，有时相反，从而引起受力变形的变化，使工件产生形状误差。加工后工件呈心脏线形。

3. 内应力重新分布对加工精度的影响

内应力是指当外部载荷去除后，仍残存在工件内部的应力。

内应力主要包括：毛坯制造时产生的内应力，工件冷校直时产生的内应力，工件切削时产生的内应力。

4. 减小工艺系统受力变形的措施

（1）提高工艺系统的刚度   选用合理的零部件结构和断面形状，提高接触刚度，尽量减小或消除部件中的薄弱环节，以提高整个系统的刚度，提高工件的安装刚度。

图 10-4   由惯性力引起的切削深度的变化

（2）减小作用于工艺系统的外力   降低切削用量，减小切削力，在精加工中常用较小的切削深度和进给量；选用合理的刀具几何角度和刀具材料，以减小切削力，如取刀具的 $\kappa_r = 90°$，使 $F_y = 0$。

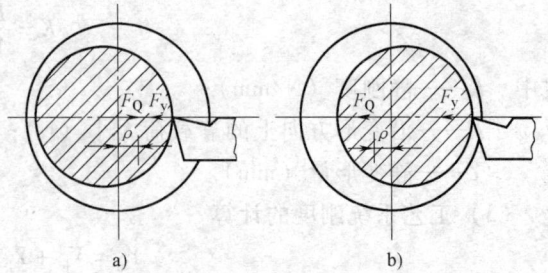

四、工艺系统受热变形对加工精度的影响

1. 工艺系统的热源

工艺系统的热源可分为两大类，即内部热源和外部热源。

（1）内部热源

1）切削热。在热切削过程中，消耗于切削层金属的弹性、塑性变形以及刀具与工件、切屑间的摩擦能量，绝大部分转化为切削热。切削热的大小与切削力的大小以及切削速度的高低有关，一般的估算公式为

$$Q = F_c v_c$$

2）摩擦热。机床中各运动副在相对运动时产生的摩擦力转化为摩擦热而形成热源。

（2）外部热源   工艺系统的外部热源主要是环境温度与热辐射。

工艺系统的热源分类如下：

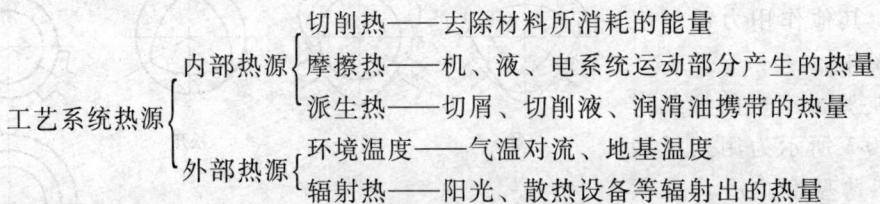

工艺系统热源 {
内部热源 {
切削热——去除材料所消耗的能量
摩擦热——机、液、电系统运动部分产生的热量
派生热——切屑、切削液、润滑油携带的热量
}
外部热源 {
环境温度——气温对流、地基温度
辐射热——阳光、散热设备等辐射出的热量
}
}

2. 工艺系统热变形对加工精度的影响

（1）机床受热变形产生的加工误差   机床受热变形如图 10-5 所示。

在机床的热变形中，对加工精度影响较大的主要是主轴系统和机床导轨两部分的变形。主轴系统的变形表现为主轴的位移与倾斜，影响工件的尺寸精度和几何形状精度，有时也影

响位置精度；导轨的变形一般为中凹或中凸，影响工件的形状精度。

（2）工件热变形引起的加工误差　在磨削或铣削薄片状零件时，由于工件单边受热，工件两边受热不均匀而产生翘曲。图 10-6a 所示为在平面磨床上磨削长度为 L、厚度为 H 的板状零件。上、下表面间形成温度差，上表面温度高，膨胀比下表面大，使工件向上凸起，凸起的地方在加工时被磨去（图 10-6b）。工件冷却后恢复原状，被磨去的地方出现下凹（图 10-6c），产生平面度误差 ΔH。工件越长，厚度越小，变形及误差越大。

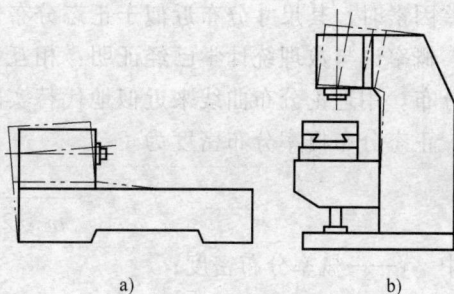

图 10-5　机床的热变形趋势

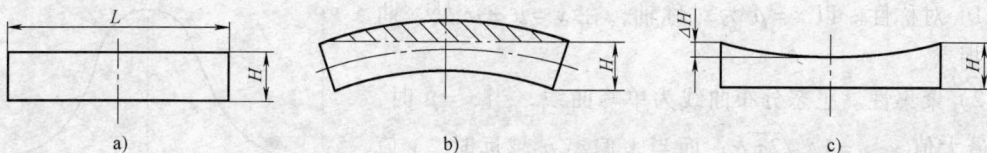

图 10-6　工件单面受热的加工误差

（3）刀具热变形引起的加工误差　刀具的热变形主要由切削热引起。因刀具体积小，热容量小，温升可能非常高。

3. 减小工艺系统热变形的措施

（1）减少热源产生的热量　通过控制切削或磨削的用量，合理选用刀具来减少切削热；减少机床各运动副的摩擦热。

（2）分离、隔离热源

（3）加强冷却

（4）保持工艺系统的热平衡　如让机床高速空运转，使其迅速达到热平衡状态，加工时再换成需要的速度；在机床的某个部位设置"控制热源"，人为地给机床局部加热，使其较快地达到热平衡状态。

（5）控制环境温度　如精密加工可在恒温车间内进行。

五、加工误差的统计分析法

1. 加工误差的分类

（1）系统性误差　在顺序加工一批工件时，加工误差的大小和方向保持不变，或随着加工时间按一定规律变化的误差，都称为系统性误差。前者称为常值系统性误差，后者称为变值系统性误差。

（2）随机性误差　在顺序加工一批工件时，其大小和方向无规则地变化的加工误差称为随机性误差。

2. 加工误差的分布图分析法

（1）实际分布图　由于各种误差因素的影响，同一道工序加工出来的一批工件的尺寸是在一定范围内变化的，其最大和最小加工尺寸之差称为尺寸的分散范围。

（2）正态分布　在机械加工中，用调整法加工一批工件，当不存在明显的变值性系统误差因素时，其尺寸分布近似于正态分布。

概率论与数理统计学已经证明：相互独立的大量微小随机变量，其总和的分布接近于正态分布。用理论分布曲线来近似地代替实际分布曲线，将使问题的分析大大简化。

正态分布概率分布密度为

$$y = \frac{1}{\sigma\sqrt{2\pi}}\exp\left[-\frac{(x-\mu)^2}{2\sigma^2}\right] \qquad (10-3)$$

式中　y——概率分布密度；

　　　x——随机变量；

　　　μ——随机变量总体的算术平均值；

　　　σ——随机变量总体的标准差。

由图 10-7 可以看出，正态分布曲线具有如下特点：

1）对称性。以 $x = \mu$ 为对称轴，在 $x = \mu \pm \sigma$ 处，曲线有拐点。

2）聚集性。正态分布曲线为单峰曲线，当 $x = \mu$ 时，y 有最大值 $y_{max} = 1/\sqrt{2\pi}\sigma$；而当 x 偏离 μ 越远时，y 值越小。

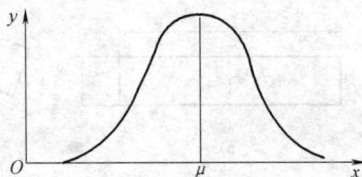

3）有界性。理论上曲线以渐近的方式逼近于 x 轴，

图 10-7　正态分布曲线

但对机械加工尺寸误差来讲，误差的绝对值实际上不会超过一定界限。根据小概率原理，取误差分散范围为 $\pm 3\sigma$。

4）曲线下与 x 轴之间所包含的面积为 1。

（3）分布图的应用

1）判别加工误差的性质。在成批大量生产中，抽样检验后计算出 $\overline{X}$ 和 S，绘制分布图。若 $\overline{X}$ 偏离公差带中心，则表明在加工过程中，工艺系统存在常值系统误差，如调整误差等。若样本的 S 较大，则说明总体的 σ 较大，即工艺系统随机误差较大。

2）计算工序能力系数和判别工艺等级。

例 10-3　加工一批工件的外圆，图样要求尺寸为 ϕ（30 ± 0.05）mm。加工后测得的尺寸按正态分布，有 8% 的不合格品，且其中一半为可修复不合格品。试分析该工序能力指数 C_p。

解　由"一半为可修复不合格品"可知，其尺寸分布中心与公差带中心重合。

因工件有 8% 的不合格品，故得 $F(z_A) = F(z_B) = 0.5 - 0.08/2 = 0.46$

查相关资料可得　　　　　$z_A = z_B = 1.75$，即 $T = 1.75 \times 2\delta = 3.5\delta$

因此

$$C_p = \frac{T}{6\delta} = \frac{3.5\delta}{6\delta} = 0.583$$

3）估算合格品率或不合格品率。不合格品率包括可以修复的不合格品率和不可修复的不合格品率。

3. 加工误差的点图法

点图法是指在一批工件的加工过程中，依次测量工件的加工尺寸，并以时间间隔为序，逐个（或逐组）记入相应图表中，以对其进行分析的方法。

第三节 习 题

一、思考题

1. 零件的加工精度包括哪些？获得加工精度有哪些方法？

2. 保证和提高机械加工精度的主要途径有哪些？

3. 在车床上车削一细长轴，当毛坯横截面有圆度误差，且车床床头的刚度大于尾座刚度时，试分析在只考虑工艺系统受力变形的影响下，一次进给后工件的横向及纵向形状误差。

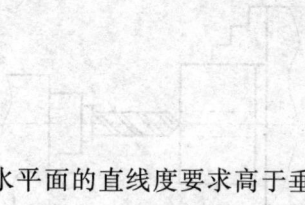

4. 为什么对车床床身导轨在水平面的直线度要求高于垂直面的直线度要求？

二、选择题

1. 误差的敏感方向是（　　）。

　A. 主运动方向　　　　　　　　　　B. 进给运动方向

　C. 过刀尖的加工表面的法向　　　　D. 过刀尖的加工表面的切向

2. 工艺系统刚度等于工艺系统各组成环节刚度（　　）。

　A. 之和　　　　　B. 倒数之和　　　　C. 之和的倒数　　　　D. 倒数之和的倒数

3. 误差复映系数与工艺系统刚度成（　　）。

　A. 正比　　　　　B. 反比　　　　　　C. 指数关系　　　　　D. 对数关系

4. 工艺能力系数与零件公差（　　）。

　A. 成正比　　　　B. 成反比　　　　　C. 无关　　　　　　　D. 关系不大

5. 工艺能力系数是（　　）。

　A. $T/6\sigma$　　　　B. $6\sigma/T$　　　　C. $T/3\sigma$　　　　D. $2T/3\sigma$

6. 零件实测尺寸与理想几何参数的差称为（　　）。

　A. 加工精度　　　B. 加工误差　　　　C. 偏差　　　　　　　D. 均方差

7. 在精加工中，（　　）往往占主导地位。

　A. 形状精度　　　B. 尺寸精度　　　　C. 位置精度　　　　　D. 加工精度

8. 车削细长杆时，受工件热变形的影响，容易出现（　　）的形状误差。

　A. 两端粗、中间细　　　　　　　　B. 两端细、中间粗

　C. 锥形　　　　　　　　　　　　　D. 不规则形

9. 误差复映系数主要受（　　）的影响。

　A. 受力大小　　　B. 切削速度　　　　C. 工艺系统刚度　　　D. 刀具角度

10. 分布图法主要用于分析（　　）。

　A. 常值系统误差　　　　　　　　　B. 变值系统误差

　C. 随机性误差　　　　　　　　　　D. 形状误差

11. 在图 10-8 中，零件安装在车床自定心卡盘上钻孔（钻头安装在尾座上）。加工后发现孔径偏大。造成这种现象的原因有（　　）。

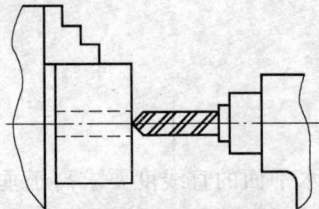

图 10-8　选择题图 1

　A. 车床导轨与主轴回转轴线不平行　　B. 尾座套筒轴线与主轴回转轴线不同轴

　C. 刀具热变形　　　　　　　　　　　D. 钻头刃磨不对称

12. 下列误差因素中属于常值系统误差的因素是（　　）。

A. 机床几何误差 B. 工件定位误差

C. 调整误差 D. 刀具磨损

13. 下列误差因素中属于随机误差的因素是（　　）。

A. 机床热变形 B. 工件定位误差

C. 夹紧误差 D. 毛坯余量不均引起的误差复映

14. 从分布图上可以（　　）。

A. 确定工序能力 B. 估算不合格品率

C. 判别常值误差大小 D. 判别工艺过程是否稳定

15. 通常根据 X-R 图上点的分布情况可以判断（　　）。

A. 有无不合格品 B. 工艺过程是否稳定

C. 是否存在常值系统误差 D. 是否存在变值系统误差

三、判断题

1. 提高加工精度的问题，就是降低加工误差的问题。（　　）

2. 在机械加工中不允许有加工原理误差。（　　）

3. 主轴的径向圆跳动会引起工件的圆度误差。（　　）

4. 卧式车床导轨在垂直面内的直线度误差对加工精度的影响不大。（　　）

5. 只要工序能力系数大于1，就可以保证不出废品。（　　）

6. 在 $\bar{X}$-R 中，只要没有点超出控制限，就表明工艺过程是稳定的。（　　）

7. 一种加工方法所能达到的加工精度是一定的。（　　）

8. 车床主轴的径向圆跳动对加工端面无直接影响。（　　）

9. 车床的纯轴向窜动不会对端面车削产生影响。（　　）

10. 工件加工时单面受热变形产生的加工误差要比均匀受热产生的加工误差更小。（　　）

四、填空题

1. 机床主轴回转误差的基本形式包括主轴径角度摆动、轴线窜动和_____。

2. 在车床上用两顶尖装夹加工细长轴时，工件会产生_____误差。

3. 加工经济精度是指在正常生产条件下，符合_____、_____、_____，所能达到的加工精度等级。

4. 原始误差所引起的切削刃与工件间的相对位移，如果产生在加工表面的法向方向，则对加工误差有直接影响，所以把加工表面的法向称为_____。

5. 工艺系统受力变形的程度主要与系统的_____有关。

6. 工件受热比较均匀，主要影响工件的_____精度；工件受热不均，主要影响_____精度。

7. 系统热源可以分为两大类，即_____和_____。

8. 内部热源可分为_____和_____。

9. 按误差在一批零件出现的规律可分为_____、_____。

10. 加工一批零件时，如果是在机床一次调整中完成的，则机床的调整误差引起_____误差；如果是经过若干次调整完成的，则调整误差就引起_____误差。

五、计算题

1. 在自动车床上车削一批小轴，尺寸要求为 $\phi30_{-0.12}^{0}$mm。加工后尺寸呈正态分布，$\sigma =$

0.02mm，尺寸分布中心偏小于公差带中心 0.03mm。试计算该批小轴的废品率，并分析废品率原因。计算中有关数据可查表 10-1。

表 10-1　$F(z)$ 数值表

z	0.5	1.0	1.5	2.0	2.5	3.0	4.5
$F(z)$	0.1915	0.3413	0.4332	0.4772	0.4938	0.4987	0.5

2. 车削一批外圆尺寸要求为 $\phi25_{-0.1}^{\ 0}$ mm 的轴。已知外圆尺寸按正态分布，$\sigma = 0.02$mm，分布曲线中心比公差中心大 0.01mm。试计算加工这批轴的合格品率与不合格品率。

3. 加工一批小轴，其直径尺寸要求为 $\phi18_{-0.035}^{0}$ mm，加工测量后有 $\overline{X}$ = 17.988mm，σ = 0.006mm，属于正态分布。求合格品率和不合格品率。计算中有关数据可查表 10-1

六、综合题

1. 试分析图 10-9 所示的三种加工情况。加工后工件表面会产生何种形状误差？假设工件的刚度很大，且车床床头刚度大于尾座刚度。

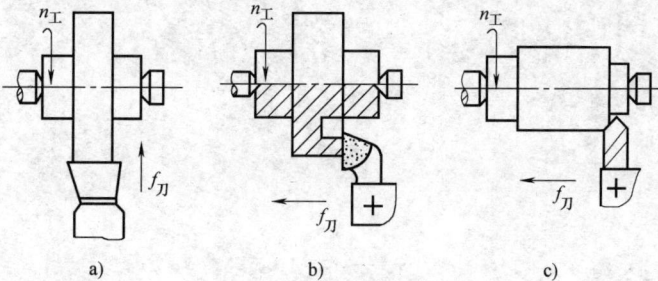

图 10-9　综合题图 1

2. 车削图 10-10 所示零件的外圆后，发现有锥度误差，试指出产生此误差的可能原因。

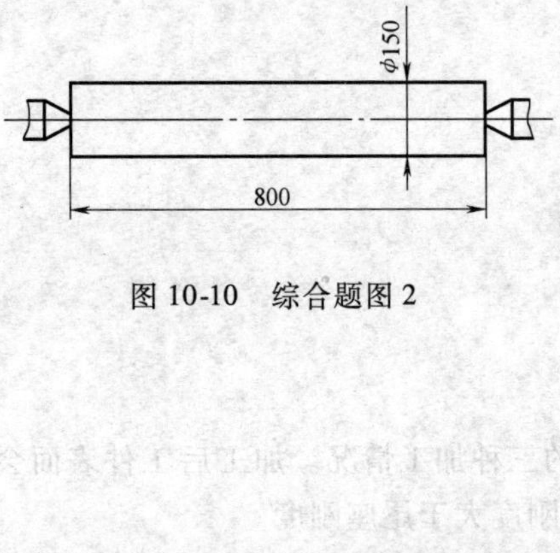

图 10-10　综合题图 2

3. 在车床上加工端面时，有时会出现圆锥面或者端面凸轮似的形状误差（其放大示意图如图 10-11 所示），试分析产生误差的原因。

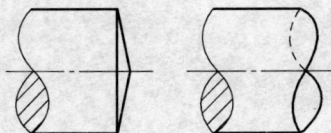

图 10-11　综合题图 3

4. 在三台车床上分别加工三批工件的外圆表面，加工后经测量，三批工件分别产生了如图 10-12 所示的形状误差，试分析产生形状误差的主要原因。

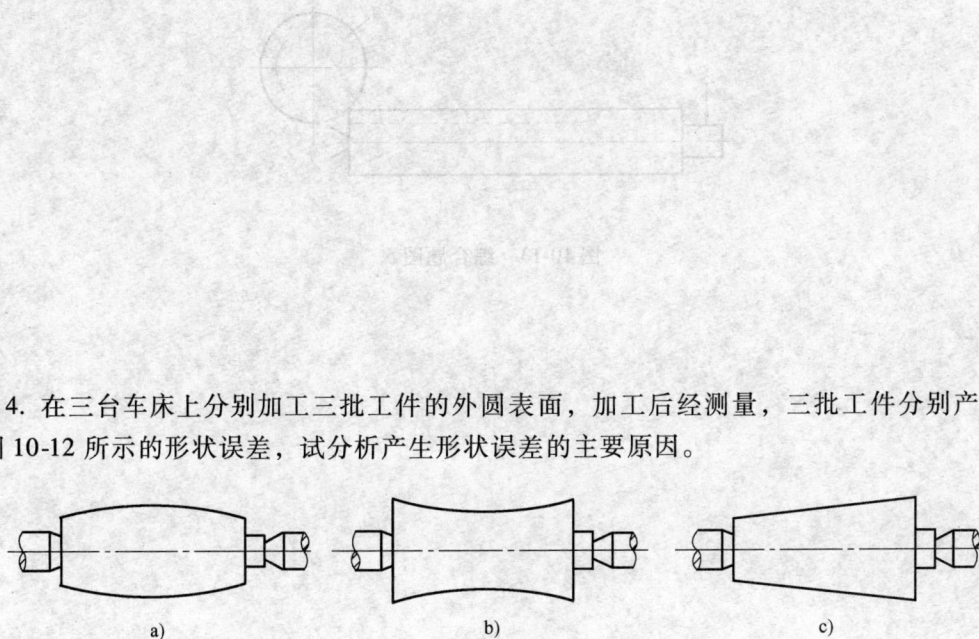

a)　　　　　　　　　　　b)　　　　　　　　　　　c)

图 10-12　综合题图 4

5. 在卧式铣床上按图 10-13 所示装夹方式用铣刀 A 铣键槽。经测量发现，工件右端处的槽深大于中间的槽深，且都比未铣键槽前调整的深度浅。试分析产生这一现象的原因。

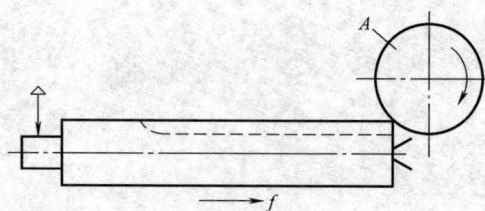

图 10-13   综合题图 5

6. 在无心磨床上磨削销轴，销轴外径尺寸要求为 ϕ（12 ± 0.01）mm。现随机抽取 100 件进行测量，结果发现其外径尺寸接近正态分布，平均值 $\overline{X} = 11.99$mm，$\sigma = 0.003$mm。试：

1）画出销轴外径尺寸误差的分布曲线。

2）计算工序的工艺能力系数。

3）估计该工序的废品率。

4）分析产生废品的原因，并提出解决办法。

第十一章　机械加工表面质量

第一节　基本内容及学习要求

一、基本内容

本章主要介绍表面质量的基本概念，影响表面粗糙度的因素，零件表面层物理力学性能及其影响因素，机械加工过程中的振动，精密加工、光整加工和表面强化工艺等内容。

二、学习要求

1）了解机械加工质量的内涵，掌握机械加工表面质量的基本概念，了解影响机械加工表面粗糙度的工艺因素。掌握影响表面质量的因素及其控制方法，重点掌握影响切削加工和磨削加工表面粗糙度的因素及改善表面粗糙度的方法。掌握加工表面质量对零件使用性能的影响规律。了解影响加工表面层物理力学性能的因素。掌握影响加工硬化的因素及消除加工硬化的方法，掌握影响表面残余应力的因素及消除表面残余应力的方法。了解磨削表面烧伤、磨削表面裂纹的产生原因及控制措施。

2）了解加工过程中的振动。理解并掌握机械加工中自激振动的机理、特点及预防措施。了解机械加工中强迫振动和自激振动的特征及其识别方法；了解自激振动产生的机理，以及消除和减弱振动的方法。

3）通过研究零件表面层在加工中的变化和发生变化的机理，掌握机械加工中各种工艺因素对表面质量的影响规律，并能运用这些规律来控制加工中的各种影响因素，以满足表面质量的要求。了解影响加工质量的各种因素，学会分析、研究加工质量的方法。

第二节　重点、难点分析及学习指导

一、表面质量的含义及其对零件使用性能的影响

加工表面质量包括两部分：表面几何形状和表面层的物理力学性能。

（1）表面几何形状　表面几何形状主要是指表面粗糙度和波纹度。

1）表面粗糙度即微观几何形状误差，它是由于加工过程中的残留面积、塑性变形、积屑瘤以及工艺系统的高频振动等因素所造成的。其波长 L 与波高 H 之比一般小于 50。表面粗糙度与加工精度关系密切，一般来说，一定的加工精度应有相应的表面粗糙度。加工精度越高则表面粗糙度值越小，但并非所有表面粗糙度值小的零件都要求很高的加工精度。

2）波纹度。它是介于加工精度（宏观几何形状误差）与表面粗糙度之间的周期性几何形状误差。一般是由于加工过程中的振动、材料组织不均匀以及传动误差等因素造成的。$L/H < 50 \sim 1000$。一般车削、铣削、磨削所产生的波高为 $10 \sim 15\mu m$，波距一般不超过 10mm。波纹度影响着两个相互连接表面的接触面积，在间隙配合中会引起磨损加剧，在过盈配合中能降低连接刚度和密封性能，对高速回转的零件，波纹度会引起振动和噪声。

（2）表面层的物理力学性能　主要包括表面层因塑性变形产生的冷作硬化，表面层因

切削或磨削热引起的金相组织变化，表面层因力或热的作用产生的残余应力。

（3）表面质量对零件使用性能的影响　主要有耐磨性、配合性质的保持、耐腐蚀性和疲劳强度等。在学习这部分内容时最好和精密加工、光整加工及表面强化等加工方法联系起来，以便采取措施提高表面质量。

二、表面粗糙度及其影响因素

1. 切削加工中影响表面粗糙度的因素

1）刀具切削刃几何形状的影响。仅从影响表面粗糙度的几何因素来说，刀具的主偏角和副偏角越小，刀尖圆弧半径越大，则表面粗糙度值越小。刀面本身的表面粗糙度在精加工中对加工表面粗糙度也有影响。

2）工件材料性能的影响。一般来说，材料的韧性越大，切削加工时的表面粗糙度值越大。故对低碳钢和中碳钢材料，可经过正火或调质处理，使硬度在 170～230HBW 之间，这样材料的切削性能较好，能获得较小的表面粗糙度值。

3）切削用量的影响。切削速度越高，切削过程中的塑性变形程度就越轻。切削塑性材料时，在低速或在较高切削速度区，因避开积屑瘤区，所以表面粗糙度值较小。减小进给量可减小表面粗糙度的轮廓高度。切削深度一般对表面粗糙度影响不大。

4）工艺系统的高频振动。当工艺系统产生高频振动时，表面粗糙度值增大。

此外，合理使用冷却润滑液，能降低表面粗糙度值。

2. 磨削加工对表面粗糙度的影响

1）砂轮工作面几何形貌的影响。砂轮表面单位面积有效磨粒数越多，加工表面的表面粗糙度值越小；砂轮的粒度号数越大，修整越精细，则加工表面的表面粗糙度值越小。

2）磨削用量的影响。磨削速度越高，工件转速越低，纵向进给量越小，磨削深度越小或增加光磨次数，则加工表面的表面粗糙度值越小。

此外，工件材料、切削液、润滑液和洁净程度以及工艺系统的抗振性能等对磨削表面粗糙度的影响很大，必须予以重视。

3. 表面层物理力学性能及其影响因素

1）加工表面层的冷作硬化。在机械加工过程中，加工表面受切削力的作用产生冷态塑性变形，而使表面层强化，其硬度和强度提高的现象，称为冷作硬化。

一般工件材料塑性大，切削速度和温度较低以及刀具挤压摩擦作用大时，产生冷作硬化的趋势较强。如表面强化工艺就是利用冷作硬化现象对工件表面进行处理的。当切削温度高达一定值时，表面层的冷作硬化会产生恢复现象，即强化的金属恢复到正常状态。因此，工件表面层的硬化程度取决于切削力的大小，塑性变形时的速度以及切削温度等的综合影响。

2）加工表面层的金相组织变化。在磨削加工中，由于磨削热引起加工区及其附近切削温度急剧升高，导致表面层金相组织变化和表面氧化而产生烧伤。

3）表面残余应力。在机械加工中，由于加工表面层发生了形状变化或组织改变时，引起表面层金属材料的密度变化而产生表面残余应力。其主要原因是由于冷态塑性变形和高温塑性变形及金相组织变化或它们的综合作用。

切削加工和精细磨削时，切削力和磨削力起主要作用，故表层产生残余压应力。

由于切削热产生高温塑性变形，表面层产生残余拉应力。

磨削加工时，一般磨削热量大，常产生局部高温和金相组织变化，因此表面层易产生残余拉应力。当残余应力超过金属材料强度极限时，在表面上就会产生裂纹，有时裂纹可能产生在外表面以下，很难发现。一般磨削裂纹的方向大都与磨削方向垂直或呈网状，且常与表面烧伤同时出现。

降低磨削热和磨削区温度是抑制磨削烧伤和磨削裂纹的主要途径，因此必须正确选择砂轮，确定合理的磨削用量，经常保持砂轮的锋利性及良好的冷却润滑条件等。

例 11-1　若工件为一长方形薄钢板（假设毛坯上、下面是平直的），当磨削平面 A 后，工件产生弯曲变形，如图 11-1 所示。试分析工件产生中凹变形的原因。

解　磨削平面 A 时，表面温度升高。冷却时，A 面表层金属的收缩受到基体金属的阻碍，表层产生拉应力，下层产生压应力。当取下工件后，因工件刚性差，且由于工件内应力的重新分布，产生新的应力平衡，其结果必然产生相应的工件变形，即图 11-1 所示的中凹状。

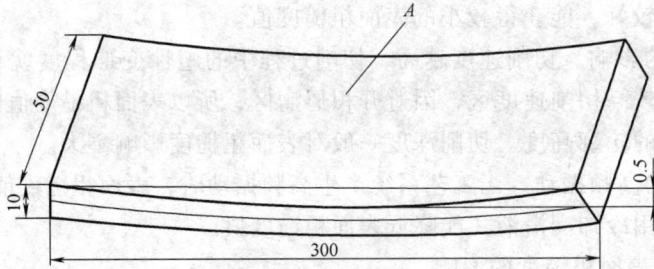

图 11-1　长方形薄钢板

例 11-2　试述表面粗糙度及加工纹路方向对零件耐磨性的影响。

答　表面粗糙度对磨损的影响极大，适当的表面粗糙度可以有效地减轻零件的磨损，但表面粗糙度值过低，也会导致磨损加剧。因此，接触面的表面粗糙度有一个最佳值，其值与零件的工作情况有关。工作载荷加大时，初期磨损量增大，表面粗糙度最佳值也增大。

表面加工纹理方向对摩擦也有很大影响，当表面纹理与相对运动方向重合时，摩擦阻力最大，当两者间呈一定角度或表面纹理方向无规则时，摩擦阻力变小。

三、提高机械加工表面质量的方法

例 11-3　改善加工表面质量的途径有哪些？为什么表面强化工艺能改善表面质量？常用的表面强化工艺方法有哪些？

答　提高表面质量的工艺途径有：①合理选用加工方法及加工用量，如采用精密加工工艺（金刚镗、高速精车、宽刃精刨及高精度、低表面粗糙度值磨削等），能全面提高加工表面的精度和表面质量。采用光整加工工艺主要用以获得较高的表面质量（研磨、珩磨、超精加工等）。②零件进行必要的热处理，使表面层硬度、组织和残余应力分布得到改善，用以提高零件的物理力学性能。③表面强化工艺（常用的有喷丸强化、滚压、挤孔等）。表面强化是指通过冷压方法使工件表面层产生冷态塑性变形，从而提高表面硬度，并产生残余压应力的方法。表面强化的同时，表层微观不平度的凸峰被压平而填入凹谷，表面粗糙度值减小，因此提高了零件的承载能力。此法用于对未淬火材料的无屑光整加工。

四、振动对表面质量的影响及其控制

机械加工中的振动包括自由振动、强迫振动和自激振动。

强迫振动由外加激振力引起，振动的频率和激振力相同。强迫振动不随切削过程停止而停止（断续切削力激振除外）。

自激振动（颤振）是指由切削过程中周期性地获取能量而维持的不衰减的振动。其振动频率接近系统固有频率，振幅取决于自切削过程中获取能量的大小。切削停止时自激振动随之停止。

例 11-4　机械加工中产生自激振动的原因是什么？它有何特点？它与受迫振动有何区别？

答　在切削过程中，当受到外界或系统本身的某些瞬时的、偶然的干扰力触发时，刀具与工件产生相对振动（自由振动）。由振动过程本身所产生的周期性干扰力（使系统获得维持自振的周期性能量补充）所引起的振动称为自激振动（颤振）。其振动频率取决于系统本身的固有频率，且切削停止，交变力消失，颤振也停止。由于周期性干扰力是由运动本身产生和控制的，因此颤振本身具有闭环自控特性，这是与受迫振动的本质区别。

例 11-5　机械加工中受迫振动的特点有哪些？试分析减少和抑制受迫振动的有效途径。

答　受迫振动的特点是：①受迫振动的稳态过程是简谐振动，只要干扰力存在，振动就不会被阻尼衰减掉，去除了干扰力，振动就会停止。②受迫振动的频率等于干扰力的频率。③当阻尼较小、而干扰力频率接近振动系统的固有频率时，系统将产生共振，振幅将急剧增大。

消减受迫振动的有效途径有：①找出并去除外界的干扰力（振源），如消除高速回转零件的不平衡和提高传动件的制造精度等。②隔振，如采用防振地基，使干扰力无法传至刀具与工件，振动能量大部分为隔振装置所吸收。③避免共振，如改变干扰振源的频率或调整机件有关尺寸，改变系统的固有频率。④提高系统的刚度或增加阻尼。

第三节　习　　题

一、思考题

1. 为什么机器零件往往从表层开始破坏？

2. 为什么在切削加工中一般会有冷作硬化现象？

3. 为什么磨削加工容易产生烧伤？

4. 机械加工中，为什么零件表层金属会产生残余应力？

二、选择题

1. 磨削表层裂纹是由于表面层（　　）的结果。

A. 残余应力作用　　　　B. 氧化　　　　　　C. 材料成分不匀　　D. 产生回火

2. 机械加工时，工件表面产生波纹的原因是（　　）。

A. 塑性变形　　　　　　　　　　　B. 切削过程中的振动

C. 残余应力　　　　　　　　　　　D. 工件表面有裂纹

3. 在切削加工时，下列对表面粗糙度没有影响的因素是（　　）。

A. 刀具几何形状　　B. 切削用量　　　　C. 工件材料　　　　D. 检测方法

4. 磨削用量对表面粗糙度的影响最显著的因素是（　　）。

A. 工件线速度　　　B. 砂轮线速度　　　C. 进给量　　　　　D. 磨削浓度

5. 控制自激振动的基本途径之一是（　　）。

A. 采用隔振措施　　　　　　　　　B. 消除回转零件的不平衡

C. 合理选择切削用量　　　　　　　D. 提高机床传动件精度

6. 切削加工时，对表面粗糙度影响最大的因素一般是（　　）。

A. 刀具材料　　　　B. 进给量　　　　　C. 背吃刀量　　　　D. 工件材料

7. 采用隔振措施可有效去除（　　）。

A. 自由振动　　　　B. 强迫振动　　　　C. 颤振　　　　　　D. 自激振动

8. 表面粗糙度的波长与波高比值一般（　　）。

A. 小于 50　　　　　B. 等于 50~200　C. 等于 200~1000　D. 大于 1000

9. 表面层加工硬化程度是指（　　）。

A. 表面层的硬度

B. 表面层的硬度与基体硬度之比

C. 表面层的硬度与基体硬度之差

D. 表面层的硬度减去基体硬度之差与基体硬度之比

10. 车削加工中，大部分切削热（　　）。

A. 传给工件　　　　B. 传给刀具　　　　C. 传给机床　　　　D. 被切屑带走

11. 磨削加工中，大部分磨削热（　　）。

A. 传给工件　　　　B. 传给刀具　　　　C. 传给机床　　　　D. 被磨屑带走

12. 加工塑性材料时，（　　）切削容易产生积屑瘤和鳞刺。

A. 低速　　　　　　B. 中速　　　　　　C. 高速　　　　　　D. 超高速

13. 强迫振动的频率与外界干扰力的频率（　　）。

A. 无关　　　　　　B. 相近　　　　　　C. 相同　　　　　　D. 相同或成整倍数关系

14. 自激振动的频率（　　）工艺系统的固有频率。

A. 大于　　　　　　B. 小于　　　　　　C. 等于　　　　　　D. 等于或接近于

15. 避免磨削烧伤、磨削裂纹的措施有（　　）等。

A. 选择较软的砂轮　　　　　　　　B. 选用较小的工件速度

C. 选用较小的磨削深度　　　　　　D. 改善冷却条件

三、判断题

1. 零件的表面粗糙度值越低越耐磨。（　　）

2. 机械加工时，切削速度对自激振动的影响不大。（　　）

3. 磨削用量中，影响表面粗糙度最显著的因素是磨削速度（砂轮线速度）。（　　）

四、填空题

1. 机械加工中自激振动的频率接近或等于_____。

2. 自激振动属于不衰减振动，是由_____引起的。

3. 机械加工后表面层的物理力学性能主要有表面层金相组织变化，表面层_____和表面层_____。

4. 机械加工质量包括_____和_____两个方面。

5. 从几何因素分析减小加工表面粗糙度值常用的措施有减小_____、减小_____和减小_____。

6. _____和交变应力中的拉应力是影响疲劳强度的主要因素。

7. 经机械加工后的工件表面总存在峰谷交替的波纹，这种表面的不完整性可根据其波高和波距的特征，分为表面粗糙度、_____、表面形状误差三种情况。

五、论述题

1. 试述机械加工的振动对加工的不良影响。

2. 简述表面质量对零件的哪些使用性能有影响。

3. 机械加工过程中产生的振动有哪些类型？如何控制机械加工中的振动？

4. 机械加工表面质量包括哪些方面？

第十二章 装配工艺

第一节 基本内容及学习要求

一、基本内容

机器装配是整个机器制造工艺过程中的最后一个阶段。机械产品的工作性能、使用效果和寿命等各项综合指标最终通过装配工作实现。因此，装配工艺过程是机械制造工艺过程的重要环节，也是学生应当掌握的重点章节。本章涉及的内容包括：机器装配的生产类型及特点，达到装配精度的工艺方法，装配尺寸链，装配工艺规程的制订，零件的连接及典型部件的装配。在机器装配中，用何种方法达到技术条件所规定的装配精度，如仍以较低的零件加工精度和工艺成本，并能以较少的装配劳动量达到较高的装配精度，是装配工艺的核心问题；从装配尺寸链原理的角度看，达到装配精度的方法就是装配尺寸链几种不同解法的问题。

二、学习要求

1）能够运用所学知识研究和制订合理的装配工艺规程，采用有效的装配方法，保证机器的装配精度，提高生产率和降低成本。

2）了解机器及零件结构的装配工艺性，制订装配工艺规程的方法，以及装配尺寸链的计算原理和方法。

3）了解保证机器装配精度的四种方法（互换法、选配法、修配法和调整法），掌握几种情况下装配尺寸链的计算原理与方法，具备分析和制订装配工艺规程的初步能力。

第二节 重点、难点分析及学习指导

一、装配工艺的制订

装配工作的内容通常包括清洗、连接、校正与调整、配作、平衡和检验等。

制订装配工艺规程应遵循如下原则：

1）确保产品质量。

2）尽量减少手工劳动量。

3）尽量减少装配工作所占的成本，主要考虑减少装配的投资，合理选用装配流水线或自动线，尽量减少车间的生产面积等。

4）节约能源和环境保护。

制订装配工艺规程的步骤如下：

1）研究产品装配图和验收技术要求。

2）确定装配的生产组织形式。根据生产纲领及产品结构确定生产组织形式。装配的生产组织形式一般可分为固定式装配和移动式装配两种。

固定式装配用于成批生产或单件小批生产，如飞机制造、机床的装配等；移动式装配一般用于大批大量生产。对于大批大量的定型产品，还可采用自动装配线进行装配，如汽车的装配等。

3）划分装配单元、确定装配顺序。机器中能进行独立装配的部分称为装配单元。任何机器都可以分为若干个装配单元，如合件、组件、部件。划分装配单元是为了便于组织平行流水装配、缩短装配周期。

在装配单元划分的基础上，确定装配顺序。确定装配顺序一般按先下后上、先内后外、先难后易、先重大后轻小的规律进行。

4）合理选择装配方法。

5）编制装配工艺文件。表 12-1 所示为装配工艺卡片样式。

表 12-1　装配工艺卡片

工序号	1	工序名称	安装 O 形密封圈		设备	半自动	
一		操作顺序					
1		从工作台上拿起法兰盖					
2		把蘸有油的 O 形密封圈装到法兰盖的槽内					
二		检查标准和质量标准					
三		注意事项					
1		O 形密封圈要完全、彻底地放到法兰盖的槽中					
2		不要用已用过的 O 形密封圈					
零件号		零件名称			数量		
59		O 形密封圈			1		
检具名称		编号			数量		
装配工具		编号			数量		

某玩具小车由如下零部件组成：

底盘架，底盘外饰排气管，内饰底座，驾驶舱前座 2 个，后座 2 个，安全带 4 条，转向盘 1 个，前桥，后桥，前、后减振器 4 个，前外胎 2 个，前轮轮毂 2 个，轮胎固定环 2 个，后外胎 2 个，后轮轮毂 2 个，后轮固定环 2 个，万向节，车外架，前车门 2 个，后车门 2 个，前车门内饰 2 个，后车门内饰 2 个，反光镜 2 个，仪表盘 1 个，天窗，内反光镜，车驾驶内饰。表 12-2 所示为某玩具车的装配工艺路线。

表 12-2　某玩具车的装配工艺路线

工序号	工序名称	工序内容
10	安装前轴	安装前减振器，前转向轴、底盘架
20	安装后轴	安装后减振器、后轴
30	安装万向节	安装万向节，固定后轴
40	安装后座	安装后座及安全带
50	安装车座底架	将车底座与底盘连接
60	安装轮胎	将车轮与底盘连接
70	安装转向盘	将转向盘与底盘传动机构相连
80	安装外壳	将车外壳与底盘连接

（续）

工序号	工序名称	工序内容
90	安装反光镜	将反光镜安装在前车门上
100	安装前饰门板	安装前车门的装饰门板
110	安装后饰门板	安装后车门的装饰门板
120	安装灯光控制器仪表盘	将灯光控制器及仪表盘安装在车驾驶室内
130	安装天窗	安装车顶的天窗

二、装配精度和装配尺寸链

机械产品的装配精度是指装配后实际达到的精度。装配精度可分为几何精度和运动精度两部分。掌握几何精度、运动精度和相互配合精度的含义和对产品质量的影响。

掌握装配尺寸链的概念，特别是根据装配精度的要求，找出与该项精度有关的零件上相应的尺寸，并画出相应的尺寸链线图。建立尺寸链时应注意以下两个问题：

1）应找出影响装配精度（封闭环）的全部环节（组成环）。

2）应遵守最短路线（最少环数）原则。即在建立装配尺寸链时应使环数最少。

对于每一个封闭环，通过装配关系的分析都可以查找其相应的装配尺寸链的组成。查找方法为：取封闭环两端的那两个零件为起点，沿装配精度要求的位置方向，以装配基准面为联系线索，分别查明装配关系中影响装配精度要求的那些有关零件及零件上的尺寸，直到封闭为止。这样所有与装配精度有关的尺寸或位置关系，就是装配尺寸链的全部组成环。

装配尺寸链的计算方法有两种：极值法和概率法。极值法用于完全互换法解算尺寸链。在用修配法、选配法和调整法解算尺寸链时，也常将此方法作为基础算法。

概率法只用于不完全互换法。

按尺寸链计算顺序可分为正计算、反计算和中间计算。

已知组成环计算封闭环的方法称为正计算。此法用来验算已知图样。

已知封闭环计算组成环的方法称为反计算。此法用在产品设计阶段，求确定组成环公差及上、下偏差。

已知封闭环和多数组成环的公差，求解极少数或一个组成环公差的方法称为中间计算。

三、保证装配精度的方法

达到装配精度的方法有：互换法、选择装配法、修配法和调整法。

1. 互换法

互换法是指通过零件的精度来保证装配精度的一种装配方法。装配时零件不需进行任何选择、修配或调节就可以达到规定的装配精度要求。其优点是装配工作简单，生产率高，便于组织装配流水线和协作化生产，也有利于产品的维修。

1）完全互换法（极值解法）。这种方法由于采用极值法求解尺寸链，只要零件的尺寸及公差按图样要求加工合格，装配精度就能够保证，这样就实现了零件的完全互换。此法广泛应用于汽车、拖拉机、轴承、自行车等大批大量生产的装配中。

2）大数互换法（概率解法）。当装配精度要求较高而尺寸链的组成环又较多时，如用完全互换法装配，会使各组成环的公差很小，造成加工困难。其实采用完全互换法装配，所有零件同时出现极值是小概率事件（所有增环都达到最大值，所有减环都达到最小值，或反之）。所以采用概率法进行计算，可能存在 0.27% 的不合格品率，故此法称为大数互换法或不完全互换法。

2. 选择装配法

选择装配法就是将组成环的公差放大到经济加工精度，通过选择合适的零件进行装配，以保证达到规定装配精度的方法。

1）直接选配法。由工人凭经验从待装配的零件中选择合适的零件进行装配。装配质量在很大程度上取决于工人的技术水平和经验，但装配的生产率低。

2）分组装配法。将组成环的公差按完全互换法装配算出后放大数倍，达到经济精度公差数值。零件加工后测量实际尺寸的大小，并进行分组，相对应组进行互换装配，以达到规定的装配精度。由于组内零件可以互换，因此又称为分组互换法。

3. 修配法

修配法是在装配过程中，通过修配尺寸链中某一组成环的尺寸，使封闭环达到规定精度要求的一种装配方法。采用修配法装配时，尺寸链中各组成环尺寸均按加工经济精度制造。这样，在装配时累积在封闭环上的总误差必然超过规定的公差。为了达到规定的精度要求，需对规定的某一组成环进行修配。要进行修配的组成环称为修配环。

修配法在生产中应用广泛，主要用于成批或单件生产，且装配精度要求高的情况下。

修配环的选择应注意以下原则：

1）选择易于修配且装卸方便的零件。

2）若有并联尺寸链，选非公共环，否则修配后保证了一个尺寸链的装配要求，但又破坏了另一个尺寸链的装配精度要求。

3）选择不进行表面处理的零件，以免破坏表面处理层。

4. 调整法

调整法是在装配时用改变产品中可调件的相对位置或选用大小合适的调整件来达到装配精度的方法。调整法可分为可动调整法、固定调整法和误差抵消调整法三种。

以上四种方法的对比结果见表 12-3。

表 12-3 不同装配方法的对比结果

装配方法		特点		互换性	尺寸链长短	生产类型	对工人要求
		零件精度要求	适用装配精度				
互换法	完全互换法	高	不太高	完全互换	短	大批大量生产	低
	不完全互换法	较高	不太高	不完全互换	较短	大批大量生产	低
选择装配法（分组法）		经济精度	高	组内互换	短	大批大量生产	低
修配法		经济精度	高	无互换	长	成批或单件	高
调整法		经济精度	高	无互换	长	大批大量生产	高

第三节　习　　题

一、思考题

1. 什么叫零件、组件和部件？何谓机器的总装配？

2. 什么叫装配精度？它包括哪些内容？

3. 装配尺寸链是如何形成的？

4. 保证装配精度的方法有哪几种？各适用于什么场合？

5. 有一轴孔配合，配合间隙为 +0.04 ~ +0.26mm。已知轴的尺寸为（50 − 0.1）mm，孔的尺寸为（50 + 0.02）mm，用完全互换法进行装配，能否保证装配精度？用大数互换法装配，能否保证精度？

6. 什么叫装配单元？为什么要把机器分成许多独立的装配单元？什么叫装配单元的基准件？

7. 影响装配精度的主要因素是什么？

8. 简述制订装配工艺规程的内容和步骤。

9. 完全互换法、不完全互换法、分组互换法、修配法各有什么特点？各应用于什么场合？

二、选择题

1. 装配系统图表示了（　　　）。

A. 装配过程　　　　B. 装配系统组成　　　　C. 装配系统布局　　　　D. 机器装配结构

2. 一个部件可以有（　　　）基准零件。

A. 一个　　　　　　B. 两个　　　　　　　　C. 三个　　　　　　　　D. 多个

3. 汽车、拖拉机装配中广泛采用（　　　）。

A. 完全互换法　　　B. 大数互换法　　　　　C. 分组选配法　　　　　D. 修配法

4. 高精度滚动轴承内、外圈与滚动体的装配常采用（　　　）。

A. 完全互换法　　　B. 大数互换法　　　　　C. 分组选配法　　　　　D. 修配法

5. 机床主轴装配常采用（　　　）。

A. 完全互换法　　　B. 大数互换法　　　　　C. 修配法　　　　　　　D. 调节法

6. 装配尺寸链组成的最短路线原则又称为（　　　）原则。

A. 尺寸链封闭　　　B. 大数互换　　　　　　C. 一件一环　　　　　　D. 平均尺寸最小

7. 修配法通常按（　　　）确定零件公差。

A. 经济加工精度　　　　　　　　　　　B. 零件加工可能达到的最高精度

C. 封闭环　　　　　　　　　　　　　　D. 组成环平均精度

8. 装配的组织形式主要取决于（　　　）。

A. 产品质量　　　　B. 产品品质　　　　　　C. 产品成本　　　　　　D. 生产规模

三、判断题

1. 零件是机械产品装配过程中最小的装配单元。（　　　）

2. 套件在机器装配过程中不可拆卸。（　　　）

3. 过盈连接属于不可拆卸连接。（　　　）

4. 配合精度指配合间隙（或过盈）量大小，与配合接触面大小无关。（　　　）

5. 配合精度仅与参与装配的零件精度有关。（　　　）

6. 采用固定调节法是通过更换不同尺寸的调节件来达到装配精度。（　　　）

7. 不完全互换法适用于任何生产类型。（　　　）

8. 采用"就地加工"装配法的机器零部件没有互换过。（　　　）

9. 大批大量生产中解环数多的装配尺寸链应采用概率法计算。（　　　）

10. 在大批大量生产类型的装配工作中，其组织形式的特点是固定装配。（　　　）

四、计算题

1. 图 12-1 所示减速器某轴结构尺寸分别为：$A_1 = 40mm$，$A_2 = 36mm$，$A_3 = 4mm$，装配后此轮端部间隙 A_0 保持在 $0.1 \sim 0.25mm$ 范围内。如选用完全互换法装配，试确定 A_1、A_2、A_3 的公差等级和极限偏差。有关数据见表 12-4。

表 12-4　计算题表 1　　　　　　　　　　　　　（单位：μm）

基本尺寸/mm	公差等级			
	IT7	IT8	IT9	IT10
>3 ~6	12	18	30	48
>30 ~50	25	39	62	100

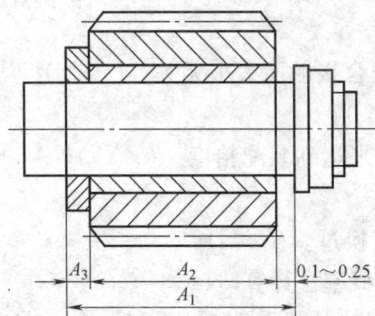

图 12-1　计算题图 1

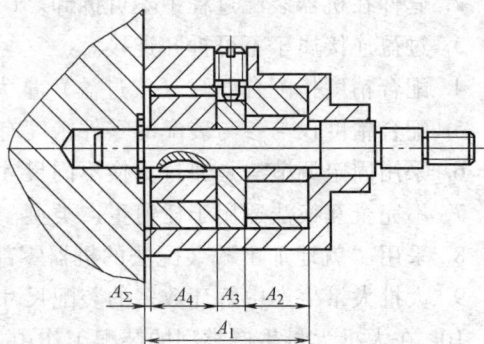

图 12-2　计算题图 2

2. 图 12-2 所示为某双联转子（摆线齿轮）泵的轴向装配图。已知各基本尺寸为：$A_1 = 41\text{mm}$，$A_2 = A_4 = 17\text{mm}$，$A_3 = 7\text{mm}$。根据要求，冷态下的轴向装配间隙 $A_\Sigma = 0\text{mm}$，求各组成环的公差及其偏差。有关数据见表 12-5。

表 12-5　计算题表 2　　　　　　　　　　　　　　　　　　　　（单位：μm）

基本尺寸/mm	公差等级			
	IT7	IT8	IT9	IT10
>6 ~ 10	15	22	36	58
>10 ~ 18	19	27	43	70
>30 ~ 50	25	39	62	100

3. 在图 12-3 中，车床溜板与床身装配前有关组成零件的尺寸分别为：$A_1 = 46_{-0.04}^{0}$mm，$A_2 = 30_{0}^{+0.03}$mm，$A_3 = 16_{+0.03}^{+0.06}$mm。试计算装配后，溜板压板与床身下平面之间的间隙 A_0。如要求间隙为 $0.02 \sim 0.04$mm，应采用什么办法？

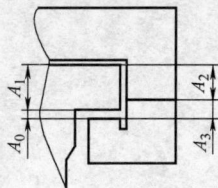

图 12-3　计算题图 3

4. 如图 12-4 中所示，车床装配时，已知主轴箱中心高 $A_1 = (200 \pm 0.1)$ mm，尾座中心高 $A_2 = (150 \pm 0.1)$ mm，垫板厚度 $A_3 = 50_{0}^{+0.2}$mm。

1）用上述三种部件装配一批车床时，用极值法计算该车床主轴中心线与尾座中心线间距分散范围。

2）如要求尾座中心线比主轴中心线高 $0.02 \sim 0.05$mm，采用修刮垫板的方法，并要求最小修刮量为 0.05mm，垫板修刮前的制造公差仍为 $+0.2$mm，其基本尺寸应为多少？

3）某一台产品，实测 $A_1 = 200.05$mm，$A_2 = 150.04$mm，要达到上述两中心高间距 $0.02 \sim 0.05$mm，垫板应刮研到什么尺寸？

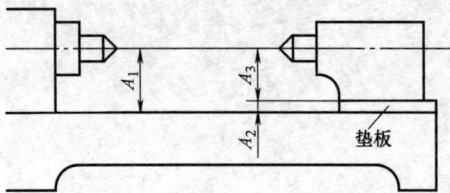

图 12-4 计算题图 4

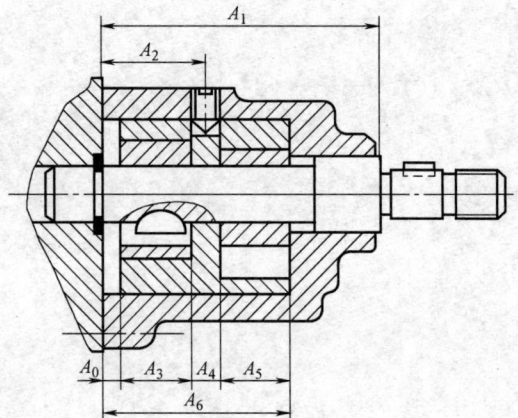

图 12-5 计算题图 5

5. 图 12-5 所示为双联转子泵，装配要求冷态下轴向装配间隙 $A_0 = 0.06 \sim 0.16\text{mm}$。图中 $A_1 = 62_{-0.2}^{0}\text{mm}$，$A_2 = (20.5 \pm 0.2)$ mm，$A_3 = 17_{-0.2}^{0}\text{mm}$，$A_4 = 7_{-0.05}^{0}\text{mm}$，$A_5 = 17_{-0.2}^{0}\text{mm}$，$A_6 = 41_{-0.05}^{+0.10}\text{mm}$。通过计算分析确定能否用完全互换法装配来满足装配要求。若采用修配法装配，选取 A_4 为修配环，$T_4 = 0.05\text{mm}$，试确定修配环的尺寸及上、下偏差，并计算可能出现的最大修配量。

五、综合题

画出图 12-6 所示三个装配图的装配尺寸链。

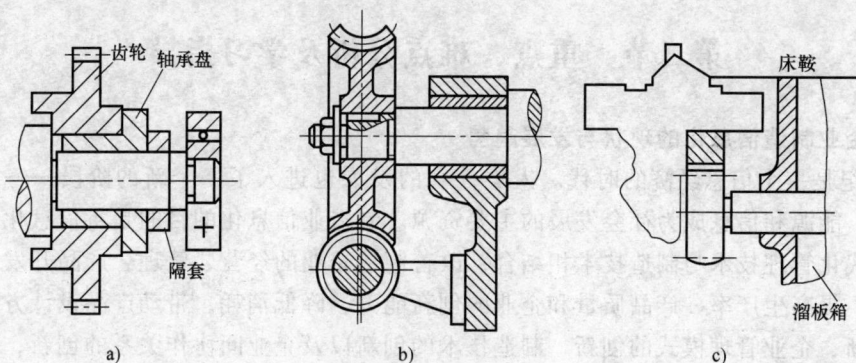

图 12-6 综合题图

第十三章 先进制造技术与制造信息化

第一节 基本内容及学习要求

一、基本内容

本章主要介绍制造信息化技术的历史、概述和实施，企业常用的计算机辅助工具和快速成形技术的原理等内容。

二、学习要求

1）熟悉制造信息化技术的具体内容。

2）熟悉企业常用的计算机辅助工具。

3）了解先进的快速成形技术的基本原理。

第二节 重点、难点分析及学习指导

一、企业制造信息化的现状与发展趋势

21 世纪是一个信息经济的时代。人类社会的发展也进入了一个新的阶段——信息化社会。物质、能源和信息成为社会发展的主要资源。制造业信息化的目的是将信息化、自动化技术、现代化管理技术与制造技术相结合，改善制造企业的经营、管理、产品开发和生产等各个环节，提高生产率、产品质量和企业的创新能力，降低消耗，带动产品设计方法和设计工具的创新、企业管理模式的创新、制造技术的创新以及企业间协作关系的创新，从而实现产品设计制造和企业管理的信息化，生产过程控制的智能化，制造装备的数控化以及咨询服务的网络化，全面提升我国制造业的竞争力。制造业信息化也是一个过程，是制造企业从经营、生产、管理和产品开发的实际需求出发，量力而行实现信息化的过程，最终目的是提高企业的竞争力。

二、企业常用的计算机辅助工具

1. 计算机辅助设计（Computer Aided Design，CAD）和计算机辅助制造（Computer Aided Manufacturing，CAM）软件

（1）Pro/Engineer 软件 Pro/Engineer 软件是美国参数技术公司（Parametric Technology Corporation，PTC）的产品。PTC 公司提出的单一数据库、参数化、基于特征、全相关的概念改变了 CAD/CAE/CAM 的传统观念，这种概念已成为当今世界 CAD/CAE/CAM 领域的新标准。该软件的应用领域主要包括产品三维实体模型的建立、三维实体零件的加工以及设计产品的有限元分析。

（2）I-DEAS 软件 I-DEAS 是美国 SDRC 公司开发的 CAD/CAM 软件。在单一数字模型中完成从产品设计、仿真分析、测量、数控加工的产品研发全过程。附加的 CAM 部分 IDeasCamand 可以方便地仿真刀具及机床的运动，可以从简单的 2 轴、2.5 轴加工到以 7 轴 5 联动方式来加工极为复杂的工件，并可以对数控加工过程进行自动控制和优化。

（3）AutoCAD 软件　AutoCAD 是 Autodesk 公司的主导产品。Autodesk 公司是世界第四大 PC 软件公司。Autodesk 公司的软件产品已广泛应用于机械设计、建筑设计、影视制作、视频游戏开发以及 Web 网的数据开发等重大领域。

（4）Solidedge 软件　Solidedge 充分利用 Windows 基于组件对象模型（COM）的先进技术重写代码。Solidedge 与 MicrosoftOffice 兼容，与 Windows 的 OLE 技术兼容，这使得设计师在使用 CAD 系统时，能够进行 Windows 字处理、电子报表、数据库操作等。

（5）INVENTER 软件　INVENTER 是 Autodesk 公司在 PC 平台上开发的三维机械 CAD 系统。它以三维设计为基础，集设计、分析、制造以及文档管理等多种功能为一体；为用户提供了从设计到制造一体化的解决方案。它可以构造各种各样的复杂曲面，以满足如模具设计等方面对复杂曲面的要求，可以比较方便地完成几百甚至上千个零件的大型装配。

（6）CAXA 电子图板和 CAXA-me 制造工程师　CAXA 电子图板和 CAXA-me 制造工程师是由北京北航海尔软件有限公司（原北京航空航天大学华正软件研究所）开发的。CAXA 电子图板是一套中文设计绘图软件，可帮助设计人员进行零件图、装配图、工艺图表、平面包装的设计，适合所有需要二维绘图的场合。

（7）开目 CAD 软件　开目 CAD 是华工科技开目公司开发的基于计算机平台的 CAD 和图样管理软件。开目 CAD 支持多种几何约束种类及多视图同时驱动，具有局部参数化的功能，能够处理设计中的过约束和欠约束情况。开目 CAD 实现了 CAD、CAPP、CAM 的集成。

2. 计算机辅助工程（CAE）软件

（1）ANSYS 软件　它能与多数 CAD 软件接口，实现数据的共享和交换。ANSYS 软件主要包括前、后处理模块和分析计算模块三部分。前处理模块提供实体建模及网格划分工具，以便用户构造有限元模型。分析计算模块包括结构分析、流体动力学分析、电磁场分析、声场分析、压电分析以及多物理场的耦合分析，可模拟多种物理介质的相互作用，具有灵敏度分析及优化分析能力。后处理模块可将计算结果以彩色等值线等图形方式显示出来，也可将计算结果以图表、曲线形式显示或输出。

（2）MSC. NASTRAN 软件　NASTRAN 可以高效地解决处理复杂结构的强度、刚度、变形、模态、应力、弯曲、动力响应、热学、非线性、设计优化及灵敏度、超单元、气动弹性及结构优化等问题。

3. 计算机辅助生产管理系统软件

此类软件对于提高企业的资源最佳发挥起到了很大的作用。了解 ERP（企业资源计划）的基本概念、MRP（物料需求计划）和 PDM（产品数据管理）系统的特点。PDM 的基本功能包括项目管理（包括用户管理、工作组管理、安全保密和权限管理等），文档管理（管理对象包括图形文件、文本文件、表格文件、多媒体文件等），提供版本控制功能，支持文档出入库操作。产品结构管理可提供产品结构树的创建和修改操作，直观反映产品中部件组成关系；采用树状结构的版本模型，支持配置管理；定义不同产品中零部件的相互依赖关系，提供检索手段。配置管理可设定产品的变量参数和对应可选数值，提供变量配置功能；根据用户需求，动态生成配置结果，产生产品结构树。工作流程管理可提供工作流引擎、流程图形化定义工具、流程图形化监控、对象状态变更触发器等功能模块；提供过程日志、内部电子邮箱等辅助工具。CAD 系统接口可提供浏览符合 DWG、ACIS 等图形核心格式的控件，同时可以实现与这些类型文件的底层信息交互（明细表提取等）；构架 PDMSTEP 接口，通过

SDAI（Standard Data Access Interface）访问符合 STEP 标准的文件。

4. 了解企业发展趋势——数字化工厂

数字化工厂的提出是对传统制造业的革命，它是根据虚拟制造的原理，通过提供虚拟产品的开发环境，了解其发展历史和特点。

三、快速成形技术

了解快速成形技术的发展历史，掌握快速成形技术的原理。作为综合 CAD 技术、数据处理技术、数控技术、测试传感技术、激光技术等多种机械电子技术和材料技术而形成的一种从 CAD 三维模型设计到实际原形/零件加工的全新制造技术，快速成形技术是 20 世纪 90 年代以来制造技术的一次革命性的发展。

与传统的去除材料的切削加工方法不同，快速成形技术以材料添加为基本思想，把计算机三维 CAD 模型直接、快速地转变为实际零件（原型）。其成形过程为：建立零件的三维 CAD 模型，模型 Z 向离散（分层），逐层堆积制造。具体是：先由 CAD 软件设计出所需零件的计算机三维曲面或实体模型，即电子模型；然后根据工艺要求，将其按一定厚度进行分层，把原来的三维电子模型转变成二维平面信息（截面信息）；再对分层后的数据进行一定的处理，加入加工参数，生成数控代码；在计算机控制下，数控系统以平面加工方式有序地连续加工出每个薄层模型，并使它们自动粘接而成形。

了解快速成形技术的典型工艺，比如立体光固化法（Sterolithography Apparatus，SLA）、选择性激光烧结法（Selective Laser Sintering，SLS）、分层实体造型法（Laminated Object Manufacturing，LOM）、熔融堆积成形法（Fused Deposition Modeling，FDM）等。

目前快速原形技术在工业领域和日常生活中都得到广泛的应用。如应用于产品的设计与校审、快速模具制造、产品工程功能实验、厂家与客户或订购商的交流手段、快速直接制造等。另外也广泛用于医疗领域，如用于牙齿的修护，可以缩短病人的等待时间。还应用于医疗诊断和外科手术策划，它能有效地提高诊断和手术水平，缩短时间，节省费用。

目前围绕快速成形技术的反求技术（三维几何重构）、快速集成 RP—CAPP 软件开发、新工艺研究和 RPM 产品大型化等已展开研究。

第三节　习　题

一、思考题

1. 请查阅国内制造业制造信息化的相关资料，谈谈如何理解我国制造业信息化的现状与发展趋势。

2. 除了书上介绍的几种计算机辅助软件工具外，还有哪些软件工具？在使用后，你最喜欢哪一种？

3. 请你调研目前国内最流行的计算机辅助制造软件工具。

4. 如果你作为企业工程师选择 CAD/CAE/CAM/PDM 软件的话，你认为应该考虑哪些因素？为什么？

5. 目前常用的 PDM 软件是什么？它具有哪些功能？

6. 你认为快速成形技术与车削、铣削、磨削等机械加工以及电火花、激光等特种加工方法相比，各有什么特点？各适用于什么场合？

二、论述题

1. 如果你想加工一个立体生肖雕像，你会采用什么方法？为什么？

2. 如果从环境保护的角度出发，你认为有什么新的加工方法既可以节约能源，又不污染环境。

第十四章 绿色制造与环境

第一节 基本内容及学习要求

一、基本内容

低碳经济、绿色制造技术的研究和应用，是未来经济发展的方向，也是产品进入国际市场的基础，应引起企业的高度重视，并尽早采取相应的措施。绿色制造是未来制造业的发展趋势。本章主要介绍绿色制造基本概念、绿色制造的内涵和特征、清洁生产的基本概念、绿色制造工艺、虚拟绿色制造技术等内容。

二、学习要求

掌握绿色制造的概念，了解绿色制造的特征。掌握清洁生产的概念，了解实现清洁生产的主要途径。了解绿色再制造的概念和虚拟绿色制造技术。

第二节 重点、难点分析及学习指导

一、绿色制造的基本概念

1. 基本概念

绿色制造又称环境意识制造或面向环境的制造，是一个系统地考虑环境影响和资源效率的现代制造模式。绿色制造的核心内容是产品制造过程中，使用绿色材料和清洁能源，通过绿色设计，生产绿色产品，最终建立具有可持续性的产品生产和消费模式。

2. 内涵特征

绿色制造涉及制造技术、环境影响和资源利用等多个学科领域的理论、技术和方法。绿色制造考虑两个过程，一个是产品的生命周期，另一个是物流转化过程。

3. 结构体系

绿色制造技术包括绿色设计、清洁生产、绿色再制造等现代设计和制造技术。

二、清洁生产

1. 清洁生产的定义和实现

清洁生产是综合预防的环境保护策略，并持续地应用于产品生产过程和产品服务过程中，以期减少对人类和环境的影响和伤害。

清洁生产包含两个过程控制：产品生产过程控制和产品整个生命周期过程控制。

2. 实现清洁生产的主要途径

改进产品设计，调整产品结构，选择绿色材料，生产原料闭路循环、资源综合利用，防止对环境的不利影响；改革生产工艺和设备，减少污染排放。采用绿色制造工艺和干式加工。

三、绿色再制造技术

1. 绿色再制造技术的概念

绿色再制造是一个以产品全寿命周期设计和管理为指导，以优质、高效、节能（节材）、环保为目标，以先进技术和产业化为手段，修复或改造废旧产品的一系列技术措施或工程活动的总称。

2. 绿色再制造技术的主要内容

绿色再制造技术包括再制造加工和过时产品的性能升级。

3. 绿色再制造的关键技术

绿色再制造技术主要包括下列内容：

1）再制造毛坯快速成形技术。

2）先进表面技术。

3）纳米复合及原位愈合生产技术。

4）修复热处理技术。

5）应急维修技术。

6）再制造特种加工技术。

7）再制造机械加工技术等。

四、虚拟绿色制造技术

虚拟绿色制造技术是指以计算机支持的仿真技术为前提，通过高级建模、仿真和分析技术的综合应用，在计算机上完成产品的设计开发、加工制造及装配过程，为决策人员提供从设计到制造全过程的三维可视的虚拟交互环境。

第三节　习　　题

一、思考题

1. 什么是绿色制造？绿色制造的特征是什么？

2. 什么是干式加工？简述干式加工的几种方法。

3. 简述虚拟绿色制造的定义。虚拟绿色制造的主要功能是什么？

二、填空题

1. 绿色制造又称为_____和_____。

2. 绿色制造主要由三大部分组成，分别是_____、_____和_____。

3. 清洁生产包括两个控制过程，分别是：_____和_____。

4. 干式车削加工的关键问题是：_____、_____和_____。

5. 绿色再制造主要包括以下两个内容：_____和_____。

三、论述题

1. 绿色制造在国内的研究现状如何？为什么要推行绿色制造技术？

2. 绿色制造的经济效益如何？如果在汽车行业进行绿色制造，你认为应该关注哪些零部件和如何实现？请给出你的建议。

附　录

附录A　部分习题参考答案

第一章　绪　　论

略。

第二章　机械加工及设备的基础理论

一、思考题

1. 答：切削速度 v_c、进给量 f、背吃刀量 a_p。

2. 答：主运动是指使刀具和工件之间产生相对运动，以进行切削的最基本运动。

3. 答：切削层是指切削部分切过工件的一个单程所切除的工件材料层。

4. 答：金属切削机床的基本功能是为被切削工件和使用的刀具提供必要的运动、动力和相对位置。机床在加工过程中，为了获得所需的工件表面形状，必须完成一定的运动，这种运动称为表面成形运动。表面成形运动是机床上最基本的运动，它形成所需的发生线，进而形成被加工表面。

5. 答：外联系传动链是指联系动力源和机床执行件的传动链，它使执行件得到预定速度的运动，并传递一定的动力。内联系传动链是指联系两个执行件，以形成复合成形运动的传动链。

6. 答：在切削塑性金属材料时，经常在前刀面上靠刃口处粘结一小块很硬的金属楔块，这个金属楔块称为积屑瘤。

积屑瘤对刀具磨损有正、反两方面的影响，它是减缓还是加速刀具的磨损，取决于积屑瘤的稳定性。积屑瘤生成后，刀具的前角增大，因而减小了切屑的变形，降低了切削力。积屑瘤伸出切削刃之外，使切削层公称厚度发生变化。这个变化将影响工件的尺寸精度。同时，由于积屑瘤的轮廓很不规则，使工件表面不平整，表面粗糙度值显著增大。在有积屑瘤生成的情况下，可以看到加工表面上沿着切削刃与工件的相对运动方向有深浅和宽窄不同的犁沟，这就是积屑瘤的切痕。此外，积屑瘤周期性的脱落与再生，也会导致切削力的大小发生变化，引起振动。脱落的积屑瘤碎片部分被切屑带走，部分粘附在工件已加工表面上，也使表面粗糙度值增大，并造成表面硬度不均匀。由于积屑瘤轮廓不规则，且尖端不锋利，使刀具对工件的挤压作用增强，因此已加工表面的残余应力和变形增加，表面质量降低。这对于背吃刀量和进给量均较小的精加工影响尤为显著。积屑瘤对切削过程的影响有其有利的一面，也有其不利的一面。粗加工时，可允许积屑瘤的产生，以增大实际前角，使切削轻快；而精加工时，则应尽量避免产生积屑瘤，以确保加工质量。

控制积屑瘤产生的措施有：避开容易产生积屑瘤的切削速度范围，降低材料塑性，合理使用切削液，增大刀具前角。

二、论述题

1. 答：1）工件材料。工件材料强度越高，切屑和前刀面的接触长度越短，导致切屑和前刀面的接触面积减小，前刀面上的平均正应力增大，前刀面与切屑间的摩擦因数减小，摩擦角减小，剪切角增大，变形系数随之减小。

2）刀具前角。增大刀具前角，剪切角将随之增大，变形系数将随之减小；但增大前角后，前刀面倾斜程度加大，切屑作用在前刀面上的平均正应力减小，使摩擦角和摩擦因数增大而导致变形系数减小。由于后一方面影响较小，因此变形系数还是随刀具前角的增大而减小。

3）切削速度。在无积屑瘤产生的切削速度范围内，切削速度越大，变形系数越小。这主要是因为塑性变形的传播速度较弹性变形慢，切削速度越高，切削变形越不充分，导致变形系数下降；此外，提高切削速度还会使切削温度增高，切屑底层材料的剪切屈服强度因温度的增高而略有下降，导致前刀面摩擦因数减小，使变形系数下降。

4）切削层公称厚度。在无积屑瘤产生的切削速度范围内，切削层公称厚度越大，变形系数越小。这是由于切削层公称厚度增大时，前刀面上的法向压力及前刀面上的平均正应力随之增大，前刀面摩擦因数随之减小，剪切角随之增大，所以变形系数随切削层公称厚度的增大而减小。

2. 答：切削力的来源有两个方面：一是切削层金属、切屑和工件表面层金属的弹性变形、塑性变形所产生的抗力，二是刀具与切屑、工件表面间的摩擦阻力。影响切削力的因素很多，主要有工件材料、切削用量、刀具几何参数等。

各因素影响规律略。

3. 答：1）切削用量对切削温度的影响。切削速度 v_c 对切削温度的影响最为显著，进给量 f 次之，背吃刀量 a_p 最小。原因是：v_c 增大，前刀面的摩擦热来不及向切屑和刀具内部传导，所以 v_c 对切削温度影响最大；f 增大，切屑变厚，切屑的热容量增大，由切屑带走的热量增多，所以 f 对切削温度的影响不如 v_c 显著；a_p 增大，切削刃工作长度增大，散热条件改善，故 a_p 对切削温度的影响相对较小。

2）刀具几何参数对切削温度的影响。①前角 γ_o 对切削温度的影响。γ_o 增大，变形减小，切削力减小，切削温度下降。前角超过 $18° \sim 20°$ 后，对切削温度的影响减弱，这是因为刀具楔角（前、后刀面的夹角）减小而使散热条件变差的缘故。②主偏角 κ_r 对切削温度的影响。κ_r 减小，切削刃工作长度和刀尖角增大，散热条件变好，使切削温度下降。

3）工件材料对切削温度的影响。工件材料的强度和硬度高，产生的切削热多，切削温度就高。工件材料的热导率小时，切削热不易散出，切削温度相对较高。切削灰铸铁等脆性材料时，切削变形小，摩擦小，切削温度一般比切削钢时低。

4）刀具磨损对切削温度的影响。刀具磨损使切削刃变钝，切削时变形增大，摩擦加剧，切削温度上升。

5）切削液对切削温度的影响。使用切削液可以从切削区带走大量热量，可以明显降低切削温度，提高刀具寿命。

4. 答：1）磨料磨损。磨料磨损也称为机械磨损。由于切屑或工件的摩擦面上有一些微小的硬质点，能在刀具表面刻画出沟纹，这就是磨料磨损。硬质点有碳化物或积屑瘤碎片。磨料磨损在各种切削速度下都存在，但低速切削刀具（如拉刀、板牙等）的磨损中磨料磨损是主要原因。

2）粘结磨损。粘结磨损也称为冷焊磨损。切屑或工件的表面与刀具表面之间发生粘结现象。由于有相对运动，刀具上的微粒被对方带走而造成磨损。粘结磨损与切削温度有关，也与刀具及工件的化学成分有关（元素的亲和作用）。

3）扩散磨损。扩散磨损是刀具材料和工件材料在高温下化学元素相互扩散而造成的磨损。

4）氧化磨损。当切削温度达到 $700 \sim 800℃$ 时，空气中的氧与硬质合金中的钴及碳化钨、碳化钛等发生氧化作用，产生较软的氧化物（如 CoO、WO_2、TiO_2）被切屑或工件摩擦掉而形成的磨损称为氧化磨损。

5. 答：刀具磨损实验结果表明，刀具磨损过程可以分为三个阶段。

1）初期磨损阶段。新刃磨的刀具刚投入使用，后刀面与工件的实际接触面积很小，单位面积上承受的正压力较大，再加上刚刃磨后的后刀面微观凸凹不平，刀具磨损速度很快，此阶段称为刀具的初期磨损阶段。刀具刃磨以后如能用细粒度磨粒的油石对刃磨面进行研磨，可以显著降低刀具的初期磨损量。

2）正常磨损阶段。经过初期磨损后，刀具后刀面与工件的接触面积增大，单位面积上承受的压力逐渐减小，刀具后刀面的微观粗糙表面已经磨平，因此磨损速度变慢，此阶段称为刀具的正常磨损阶段。它是刀具的有效工作阶段。

3）急剧磨损阶段。当刀具磨损量增加到一定限度时，切削力、切削温度将急剧增高，刀具磨损速度加快，直至丧失切削能力，此阶段称为急剧磨损阶段。在急剧磨损阶段让刀具继续工作是一件得不偿失的事情，既保证不了加工质量，又加速消耗刀具材料，如出现切削刃崩裂的情况，损失就更大。刀具在进入急剧磨损阶段之前必须更换。

6. 答：刀具的使用寿命是个时间概念，是指新刃磨的刀具从开始切削一直到磨损量达到磨钝标准时的切削时间，用符号 T 表示，单位为 s（或 min）。

三、选择题

1. B；2. A；3. C；4. C；5. C。

四、判断题

1. ×；2. √；3. √；4. ×；5. ×。

五、填空题

1. 节状切屑、粒状切屑、崩碎切屑；2. 相对滑移（切应变）；3. 平均温度；4. 磨钝标准；5. 第二。

六、计算题

答：查《机械制造技术基础》第 3 版（韩秋实、王红军主编，机械工业出版社 2009 年出版，以下简称主教材）中表 2-6 ~ 表 2-15 得到下列数据：

$C_{F_c} = 930N$，$x_{F_c} = 1$，$y_{F_c} = 0.84$，$K_{fF_c} = 0.96$，$K_{vF_c} = 1$，$K_{\gamma F_c} = 1.05$，$K_{b_\gamma F_c} = 1.1$，$K_{\kappa_r F_c} = 1.0$，$F_p/F_c = 0.4$，$F_f/F_c = 0.15$，$K_{r_e F_c} = 1$，$K_{VBF_c} = 1.17$（取 $VB = 0.6mm$），$\kappa_c = 1118N/mm^2$。

1）主切削力 F_c。

若用单位切削力计算，则有

$$F_c = \kappa_c a_p f K_{fF_c} K_{vF_c} K_{\gamma F_c} K_{b_\gamma F_c} K_{\kappa_r F_c} K_{r_e F_c} K_{\lambda_s F_c} K_{VBF_c}$$

若用指数式计算，则有

$$F_c = C_{F_c} a_p^{x_{F_c}} f^{y_{F_c}} K_{F_c}$$

$$= C_{F_c} a_p^{x_{F_c}} f^{y_{F_c}} K_{v_{F_c}} K_{\gamma_{F_c}} K_{b_{\gamma_{F_c}}} K_{\kappa_{r_{F_c}}} K_{\lambda_s_{F_c}} K_{VBF_c}$$

2）背向力 F_p 与进给力 F_f（估算法）。

$$F_p = 0.4F_c$$

$$F_f = 0.15F_c$$

3）切削功率 P_c（单位为 kW）。

$$P_c = F_c v_c 10^{-13} = F_c \times \frac{80}{60} \times 10^{-3}$$

七、综合题

1. 见图 A-1。

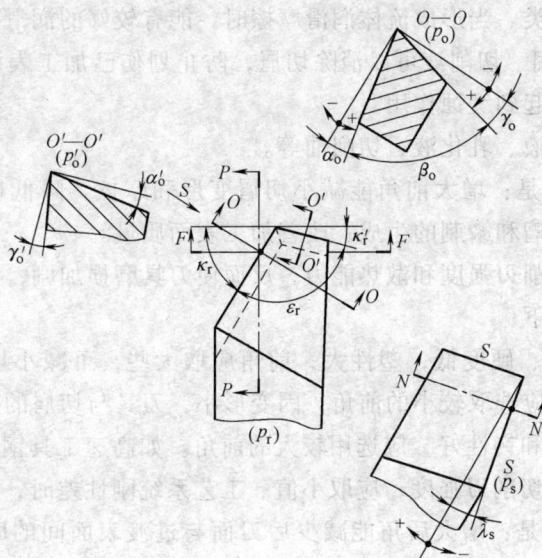

图　A-1

2. 答：电动机—铣刀为外联系传动链，铣刀—工件、工件—刀具溜板为内联系传动链。

第三章　切削条件的合理选择及刀具的选择

一、思考题

1. 答：在机床、工件、刀具强度和工艺系统刚性允许的条件下，首先选择尽可能大的背吃刀量，其次根据加工条件和要求选用所允许的最大进给量，最后再根据刀具的使用寿命要求选择或计算合理的切削速度。

最低成本原则是指以最低成本制造一件产品的原则。在单件成本一定时，它与最大利润标准是一致的。当生产时间充裕时，可采用此原则。

2. 答：强度高，刚性好；精度高，抗振及热变形小；互换性好，便于快速换刀；切削性能稳定，使用寿命长。

3. 答：常用的硬质合金可分为六类：P 类、M 类、K 类、N 类、S 类和 H 类。

4. 答：金刚石刀具既能胜任陶瓷、硬质合金等高硬度非金属材料的切削加工，又可切削其他有色金属及其合金，使用寿命极长。但不适合切削铁族材料。

立方氮化硼刀具能以加工普通钢和铸铁的切削速度切削淬硬钢、冷硬铁、高温合金等，从而大大提高生产率。当精车淬硬零件时，其加工精度和表面质量足以代替磨削。

5. 答：切削加工性的指标可以用刀具使用寿命、一定寿命的切削速度、切削力、切削温度、已加工表面质量以及断屑的难易程度等衡量。多采用在一定的刀具使用寿命下允许的切削速度 v_T 作为指标。v_T 越高，表示材料的切削加工性越好。通常取 $T = 60\text{min}$，则 v_T 写作 v_{60}。

6. 答：切削液的主要作用有：

（1）冷却作用　切削液能够降低切削温度，从而提高刀具使用寿命和加工质量。

（2）润滑作用　进行金属切削时，切屑、工件和刀具间的摩擦可分为干摩擦、流体润滑摩擦和边界润滑摩擦三类。当形成流体润滑摩擦时，能有较好的润滑效果。

（3）清洗与缓蚀作用　切削液可以消除切屑，防止划伤已加工表面和机床导轨面。能在金属表面形成保护膜，起到缓蚀作用。

切削液包括：水溶液、乳化液、切削油等。

7. 答：前角的功用是：增大前角能减小切屑变形和摩擦，降低切削力、切削温度，减小刀具磨损，抑制积屑瘤和鳞刺的生成，改善加工表面质量。

前角过大会削弱切削刃强度和散热能力，反而使刀具磨损加剧，刀具使用寿命下降。

前角的选择原则如下：

1）工件材料的强度、硬度低，塑性大，前角应取大些，可减小切屑变形，降低切削温度。加工脆性材料时，应选取较小的前角，因变形小，刀具与切屑的接触面小。

2）刀具材料的强度和韧性好，应选用较大的前角。如高速工具钢刀具可采用较大前角。

3）粗切时，为增强切削刃强度，应取小值。工艺系统刚性差时，应取大值。

8. 答：后角的功用是：增大后角能减少后刀面与过渡表面间的摩擦，还可以减小切削刃圆弧半径，使刃口锋利。但后角过大会减小切削刃强度和散热能力。

后角主要根据切削层公称厚度 h_D 选取。

粗切时，进给量大，切削层公称厚度大，可取小值；精切时，进给量小，切削层公称厚度小，应取大值，可延长刀具使用寿命和提高已加工表面质量。

当工艺系统刚性较差或使用有尺寸精度要求的刀具时，应取较小的后角。工件材料的强度、硬度大，后角应取小值。

二、计算题

答：1. 粗车

（1）确定背吃刀量　根据工艺，半精车单边余量为 1mm，现单边总余量为 5mm，粗车工序尽量一刀切掉，故取 $a_p = 4\text{mm}$。

（2）选择进给量　根据主教材表 3-5，查得 $f = 0.4 \sim 0.6\text{mm/r}$，取 $f = 0.5\text{mm/r}$（需与机床相符）。

（3）确定切削速度　根据主教材表 3-7，45 钢调质，刀具使用寿命为 60min，$v_c = 70 \sim 90\text{m/min}$，取 $v_c = 90\text{m/min}$。

确定机床转速　　　$n = \dfrac{1000v_c}{\pi d_w} = \dfrac{1000 \times 90}{\pi \times 90} \text{r/min} = 319 \text{r/min}$

根据机床标牌取 $n = 320 \text{r/min}$

实际切削速度　　　$v = \dfrac{\pi d_w n}{1000} = \dfrac{\pi \times 90 \times 320}{1000} \text{m/min} = 90.4 \text{m/min}$

（4）校验机床功率　　根据主教材表 2-6，得单位切削功率 $P_s = 32.7 \times 10^{-6} \text{kW/}$ （mm^3/min）；由主教材表 2-7，当 $f = 0.5 \text{mm/r}$ 时，$K_{fF_c} = 0.93$，故切削功率为

$$P_c = 1000 P_s v_c a_p f K_{fF_c}$$

$$= 1000 \times 32.7 \times 10^{-6} \times 90.4 \times 4 \times 0.5 \times 0.93 \text{kW}$$

$$= 5.498 \text{kW}$$

机床消耗功率　　　$\dfrac{P_c}{\eta_m} = \dfrac{5.498}{0.8} \text{kW} = 6.9 \text{kW}$

机床功率 $P_E = 7.5 \text{kW}$，故功率足够。

（5）计算切削工时 t_m

$$t_m = \dfrac{L + \Delta + y}{nf} = \dfrac{400 + 2 + 2}{320 \times 0.5} \text{min} \approx 2.53 \text{min}$$

这里取 $\Delta = y = 2 \text{mm}$。

2. 半精车

（1）确定背吃刀量　　$a_p = 1 \text{mm}$。

（2）确定进给量　　根据表面粗糙度要求及刀具 $\kappa_r' = 10°$、$r_\varepsilon = 0.5 \text{mm}$，查主教材表 3-6（$f = 0.25 \sim 0.3 \text{mm/r}$），取 $f = 0.3 \text{mm/r}$。

（3）确定切削速度　　根据主教材表 3-7（$v_c = 100 \sim 130 \text{m/min}$），取 $v_c = 130 \text{m/min}$。

确定机床主轴转速 $n = \dfrac{1000v}{\pi d} = \dfrac{1000 \times 130}{\pi \times 80} \text{r/min} = 517.5 \text{r/min}$

根据机床标牌取　　　　　　　　　$n = 710 \text{r/min}$

故实际切削速度　　$v_c = \dfrac{\pi d n}{1000} = \dfrac{\pi \times 82 \times 710}{1000} \text{m/min} = 182 \text{m/min}$

（4）计算切削工时　　$t_m = \dfrac{l + \Delta + y}{nf} = \dfrac{400 + 2 + 2}{710 \times 0.3} \text{min} \approx 1.89 \text{min}$

第四章　磨　　削

一、思考题

1. 答：砂轮的硬度是指砂轮工作时，磨料自砂轮上脱落的难易程度。砂轮硬表示磨粒难脱落，砂轮软表示磨粒易脱落。

一般情况下，加工硬度大的金属应选用软砂轮，加工软金属应选用硬砂轮。粗磨时，选用软砂轮；精磨时，选用硬砂轮。

2. 答：粒度是指磨料颗粒尺寸的大小。

粒度号小则磨削深度大，故磨削效率高，但表面粗糙度值大。所以粗磨时一般选粗粒度，精磨时选细粒度。磨削软金属时，多选用较粗的磨粒，磨削脆和硬的金属时，则选用较细的磨粒。

3. 答：这是因为磨粒的刃棱大都以负前角工作，而且刃棱钝化后形成小的棱面，增大了与工件的实际接触面积，从而使 F_t 增大。

4. 答：磨削工件的表面粗糙度 Ra 值应在 $0.4\mu m$ 以下；砂轮要精细修整，使砂轮表面上的磨粒形成等高的微小切削刃，即保持磨粒的微刃性和等高性；磨削时采用很小的横向进给量（$0.005 \sim 0.025mm/r$）及较低的磨削速度（$15 \sim 30m/s$），并在磨削后期进行若干次光磨行程。

5. 答：磨削区的温度未超过淬火钢的相变温度，但已超过马氏体的转变温度，工件表层金属的回火马氏体组织将转变成硬度较低的回火组织（索氏体或托氏体），这种烧伤称为回火烧伤。

磨削加工速度高，功率大，且大部分功率损失转变成热量，传至工件表面，使其温度升高，引起烧伤。

二、选择题

1. D；2. C；3. B；4. A；5. A；6. C；7. A；8. D；9. B；10. B。

三、判断题

1. ×；2. ×；3. ×；4. ×；5. √；6. √；7. ×；8. ×；9. √；10. ×。

四、填空题

1. 磨具；2. 磨料、结合剂；3. 磨粒、微粉；4. 滑擦阶段、刻划阶段、切削阶段；5. 退火烧伤、淬火烧伤、回火烧伤；6. 砂轮速度；7. 磨料、结合剂、空隙；8. 主运动、径向进给运动、轴向进给运动、工件运动；9. 磨削用量、冷却方法、砂轮接触长度；10. 高速磨削、缓进给磨削。

第五章　车　床

一、思考题

1. 答：车床是利用车刀进行切削加工的机床。它主要用于加工零件的各种回转表面，如内、外圆柱面，内、外圆锥面，成形回转表面以及回转体的端面等；还可以使用各种孔加工刀具（如钻头、铰刀、镗刀等）进行孔的加工。

2. 答：车床的运动包括表面成形运动和辅助运动。

表面成形运动可分为工件旋转运动（即主运动，使工件得到所需的切削速度）和刀具直线移动（即车床的进给运动，保证工件材料能不断地投入切削）。

辅助运动包括切入运动（使刀具相对工件切入一定深度，达到工件所需的尺寸）和刀架的纵向、横向快速移动等。

3. 答：1）主轴箱。支承主轴，并把动力经变速传动机构传给主轴，使主轴带动工件按所需的转速旋转，以实现主运动。

2）进给箱。改变机动进给量或加工螺纹的导程。

3）溜板箱。把进给箱通过光杠（或丝杠）传来的运动传递给刀架，使刀架实现纵向进给、横向进给、快速移动或车螺纹等。

4）刀架。装夹刀具。

5）尾座。安装顶尖，支承长工件，也可以安装钻头、铰刀或镗刀等孔加工刀具进行孔的加工。

6）床身。支承其他部件，使它们在工作时保持准确的相对位置。

4. 答：丝杠和开合螺母配合构成螺纹传动，这时主轴和溜板箱之间构成内联系传动链，它可以保证主轴和溜板箱之间获得准确的传动比，用于加工螺纹等。光杠使主轴和溜板箱之间构成外联系传动链，不能获得准确的传动比，主要用于加工外圆或端面等。它们用途不同，所以不能单独设置丝杠或光杠。

5. 答：M_1 用于实现机床主轴正、反转的转换；M_2 用于实现机床主轴高、低速的转换；M_3、M_4 脱开，M_5 接合，用于加工各种不同制式的螺纹；M_3、M_4、M_5 全部接合，用于加工非标准螺纹或精密螺纹；M_6、M_7 用于控制机床溜板箱的横向和纵向进给；M_8 用于实现刀架的快速移动。

6. 答：有外圆车刀车削外圆，端面车刀车削端面，切断刀切断或切槽，螺纹车刀车削螺纹，成形车刀车削成形面。

7. 答：平体式成形车刀结构简单，使用方便，但刃磨次数少，使用寿命短；棱体式成形车刀强度高，重磨次数多，可用来加工外成形表面；圆体式成形车刀的重磨次数比棱体式成形车刀还多。

二、论述题

1. 答：主轴支承对主轴的回转精度及刚度影响很大，特别是轴承间隙直接影响到加工精度。主轴轴承应在无间隙（或少量过盈）的条件下进行运转，因此，主轴组件应在结构上保证能调整轴承间隙。CA6140 型卧式车床主轴前、后端各有一个螺母，就是用来调整间隙的。这两个螺母可以改变轴承的轴向位置，当轴承的内环向前移动时，由于轴承内环很薄，且内环孔与主轴是锥面配合，就会引起内环弹性膨胀变形，从而调整轴承径向间隙或预紧程度。后支承外边的螺母也用于调整后支承两个轴承的间隙。

2. 答：如主教材图 5-7 所示，轴Ⅱ上的双联滑移齿轮和轴Ⅲ上的三联滑移齿轮是用一个手柄进行操纵的。变速手柄装在主轴箱的前壁上，通过链传动使轴 4 转动，轴 4 上装有盘形凸轮 3 和曲柄 2。凸轮 3 上有一条封闭的曲线槽，由两段半径不同的圆弧和直线组成，凸轮上有六个变速位置。在位置 1′、2′、3′时，杠杆 5 上端的滚子处于凸轮槽曲线的大半径圆弧处，杠杆 5 经拨叉 6 将轴Ⅰ上的双联滑移齿轮移至左端位置。在位置 4′、5′、6′时，双联滑移齿轮移至右端位置。另外，曲柄 2 随轴 4 转动，带动拨叉 1 拨动轴Ⅲ上的三联滑移齿轮，使其处于左、中、右三个位置。依次转动手柄，就可以使两个滑移齿轮得到六种位置组合，即使轴Ⅲ得到六种转速。

3. 答：如主教材图 5-8 和图 5-9 所示，纵向、横向机动进给及快速移动是由一个四向操纵手柄 1 集中操纵的。该手柄向左或向右扳动，可使刀架向左或向右作纵向进给运动；向前或向后扳动，则可使刀架向前或向后作横向进给运动。

向左或向右扳动手柄 1 时，由于轴 14 的轴向位置固定，故手柄 1 绕销轴 a 摆动，通过其下部的开口槽带动轴 3 向右或向左移动，再经过杠杆 7 及推杆 8，使圆柱凸轮 9 沿顺时针或逆时针方向转动，凸轮 9 上的曲线槽推动拨叉 10 向后或向前移动，带动双向牙嵌离合器 M_6（主教材图 5-9）向相应的方向啮合，使刀架作向左或向右的纵向机动进给。

向前或向后扳动手柄 1 时，轴 14 和固定在轴 14 左端的圆柱凸轮 13 转动，通过凸轮 13 上的曲线槽使杠杆 12 绕其安装轴摆动，再通过拨叉 11 拨动轴ⅩⅩⅧ上的双向牙嵌离合器 M_7 向相应的方向啮合，使刀架作向前或向后的横向机动进给。

手柄下部的盖 2 上开有十字形槽，使操纵手柄不能同时接合纵向和横向进给运动，起到互锁的作用。

4. 答：双向多片离合器（M_1）的主要作用是实现主传动的换向。如主教材图 5-6 所示，离合器由内摩擦片 3，外摩擦片 2，定位片 10、11，压紧块 8 及调整螺母 9 组成。左、右两边的双联齿轮和单联齿轮分别空套在轴 I 上，电动机起动后，经传动带带动轴 I 旋转，这时并不能直接带动上述两个齿轮转动，而要通过离合器的内、外片的接合才能转动。离合器的内、外两组摩擦片依次相间安装，外摩擦片 2 外圆上有四个凸起，正好嵌在双联空套齿轮 I 罩壳的缺口中，外片的内孔大于轴 I 上的花键。内摩擦片 3 外圆无凸起，且略小于齿轮 1 罩壳的内径，通过内花键与轴 I 一起旋转。当拉杆 7 通过销 5 向左推动压紧块 8 时，内、外片互相压紧。轴 I 的转矩便通过摩擦片间的摩擦力矩传给空套齿轮 1，使主轴正转。定位片 10 和 11 起限制摩擦片轴向位置的作用。同理，当压紧块 8 向右推时，实现机床反转。为了缩短停车的辅助时间，主轴箱中还装有闸带式制动器 15 和 16，该制动器与摩擦离合器操纵机构联动。当正转和反转时，齿条 22 上的凹槽处与杠杆 14 的下端接触，使杠杆 14 沿顺时针方向转动，制动器松开；当停车时（手柄 18 处于中间位置），齿条 22 上的凸起处与杠杆 14 接触，杠杆 14 沿逆时针方向转动，拉紧闸带，制动器工作，使主轴立即停止转动。

5. 答：如主教材图 5-5 所示，电动机经 V 带将运动传至轴 I 左端的带轮 2 上。带轮 2 与花键套 1 用螺钉联接成一体，支承在支承套 3 内孔中的两个深沟球轴承上。支承套 3 固定在主轴箱体 4 上。作用在带轮 2 上的传动带拉力，通过花键套 1、滚动轴承和支承套 3，最后传给主轴箱体。而转矩则由带轮经过花键套 1 传给轴 I。这样，轴 I 只传递转矩而避免了由传动带拉力产生的弯曲变形。

三、计算题

1. 答：主传动路线表达式为

$$
\text{电动机}\atop(1440\text{r/min}) \quad \frac{\phi80\text{mm}}{\phi165\text{mm}} \quad \text{I} - \left\{ \begin{matrix} \frac{38}{42} \\ \frac{29}{51} \end{matrix} \right\} - \left\{ \begin{matrix} \frac{42}{42} \\ \frac{24}{60} \end{matrix} \right\} - \left\{ \begin{matrix} \frac{60}{38} \\ \frac{20}{78} \end{matrix} \right\} - \text{IV（主轴）}
$$

传动级数为 8 级。

$$
n_{\max} = \left(1440 \times \frac{80}{165} \times 0.98 \times \frac{38}{42} \times \frac{42}{42} \times \frac{60}{38} \right) \text{r/min} = 977\text{r/min}
$$

$$
n_{\min} = \left(1440 \times \frac{80}{165} \times 0.98 \times \frac{29}{51} \times \frac{24}{60} \times \frac{20}{78} \right) \text{r/min} = 40\text{r/min}
$$

进给传动路线表达式为

$$
\text{主轴IV} - \left\{ \begin{matrix} \frac{40}{40} \\ \frac{40}{32} \times \frac{32}{40} \end{matrix} \right\} - \text{VI} - \frac{a}{b} \times \frac{c}{d} - \text{VII} - \left\{ \begin{matrix} \frac{70}{35} \\ \frac{52}{52} \\ \frac{35}{70} \\ \frac{21}{84} \end{matrix} \right\} - \text{VIII} -
$$

$$-\left\{\begin{array}{c}\dfrac{42}{62}\\[2mm]\dfrac{42}{63}\end{array}\right\}-\text{IX}-\text{X} \text{丝杠—开合螺母—床鞍纵进给车螺纹 } P = 6\text{mm}$$

$$M_1-\text{XI（光杠）}-\dfrac{1}{40}-\text{XII}-\dfrac{35}{33}\left\{\begin{array}{l}M_3-\text{XIII}-\dfrac{46}{20}-\text{XVI 中滑板横向进给丝杠—滑板进给 } P = 4\text{mm}\\[2mm]\dfrac{33}{65}-\text{XIV}-M_2-\dfrac{32}{75}-\text{XV}-\text{齿轮/齿条—床鞍纵向进给}\end{array}\right.$$

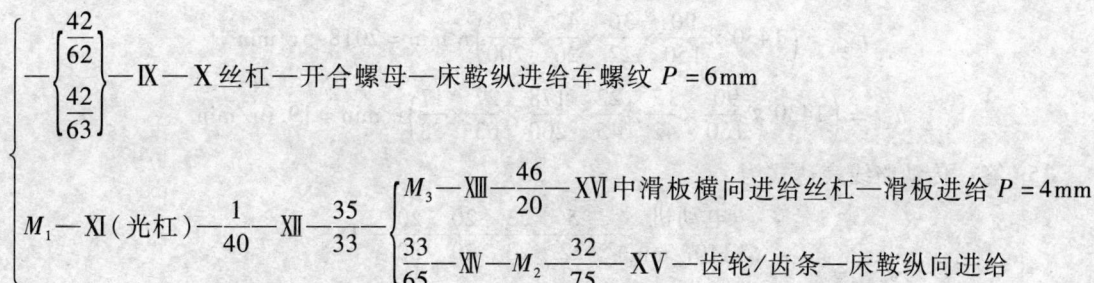

2. 答：根据主教材图 5-3 所示，车削米制螺纹的进给传动路线表达式为

$$\text{主轴 VI}-\dfrac{58}{58}-\text{IX}-\left\{\begin{array}{c}\dfrac{33}{33}\\[2mm]\dfrac{33}{25}-\text{XI}-\dfrac{25}{33}\end{array}\right\}-\text{X}-\dfrac{63}{100}\times\dfrac{100}{75}-\text{XIII}-\dfrac{25}{36}-$$

$$\text{XIV}-u_{\text{基}}-\text{XV}-\dfrac{25}{36}\times\dfrac{36}{25}-\text{XVI}-u_{\text{倍}}-\text{XVIII}-M_5-\text{XIX}-\text{刀架}$$

加工导程为 2.25mm 的螺纹：

$$S = 1\text{（主轴）}\times\dfrac{58}{58}\times\dfrac{33}{33}\times\dfrac{63}{100}\times\dfrac{100}{75}\times\dfrac{25}{36}\times\dfrac{36}{28}\times\dfrac{25}{36}\times\dfrac{36}{25}\times\dfrac{28}{35}\times\dfrac{15}{48}\times 12\text{mm}$$

加工导程为 80mm 的螺纹：

$$S = 1\text{（主轴）}\times\dfrac{58}{26}\times\dfrac{80}{20}\times\dfrac{80}{20}\times\dfrac{44}{44}\times\dfrac{26}{58}\times\dfrac{58}{58}\times\dfrac{33}{33}\times\dfrac{63}{100}\times\dfrac{100}{75}\times\dfrac{25}{36}\times\dfrac{20}{14}\times\dfrac{25}{36}\times\dfrac{36}{25}\times\dfrac{18}{45}\times\dfrac{35}{28}\times 12\text{mm}$$

3. 答：传动路线表达式为

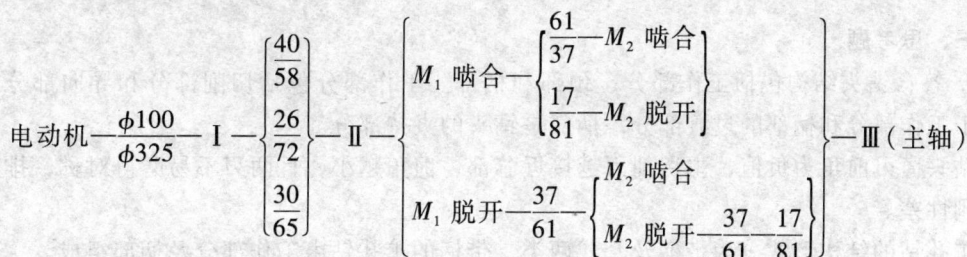

$$\text{电动机}-\dfrac{\phi100}{\phi325}-\text{I}-\left\{\begin{array}{c}\dfrac{40}{58}\\[2mm]\dfrac{26}{72}\\[2mm]\dfrac{30}{65}\end{array}\right\}-\text{II}-\left\{\begin{array}{l}M_1 \text{ 啮合}-\left\{\begin{array}{l}\dfrac{61}{37}-M_2 \text{ 啮合}\\[2mm]\dfrac{17}{81}-M_2 \text{ 脱开}\end{array}\right\}\\[6mm]M_1 \text{ 脱开}-\dfrac{37}{61}-\left\{\begin{array}{l}M_2 \text{ 啮合}\\[2mm]M_2 \text{ 脱开}-\dfrac{37}{61}-\dfrac{17}{81}\end{array}\right\}\end{array}\right\}-\text{III（主轴）}$$

传动级数为 12 级。

$$n_{\max} = \left(1440\times\dfrac{100}{325}\times\dfrac{40}{58}\times\dfrac{61}{37}\right)\text{r/min} = 503.8\text{r/min}$$

$$n_{\min} = \left(1440\times\dfrac{100}{325}\times\dfrac{26}{72}\times\dfrac{37}{61}\times\dfrac{37}{61}\times\dfrac{17}{81}\right)\text{r/min} = 12.4\text{r/min}$$

4. 答：传动路线表达式为

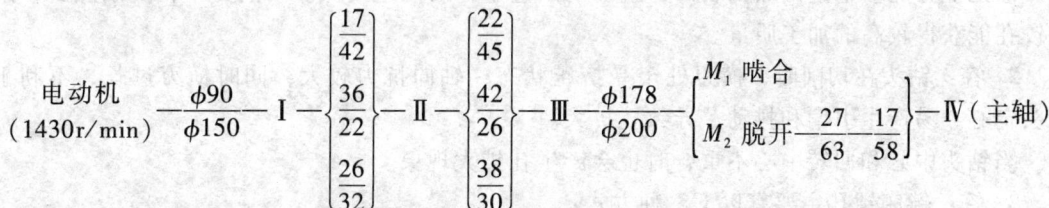

$$\begin{array}{c}\text{电动机}\\(1430\text{r/min})\end{array}-\dfrac{\phi90}{\phi150}-\text{I}-\left\{\begin{array}{c}\dfrac{17}{42}\\[2mm]\dfrac{36}{22}\\[2mm]\dfrac{26}{32}\end{array}\right\}-\text{II}-\left\{\begin{array}{c}\dfrac{22}{45}\\[2mm]\dfrac{42}{26}\\[2mm]\dfrac{38}{30}\end{array}\right\}-\text{III}-\dfrac{\phi178}{\phi200}\left\{\begin{array}{l}M_1 \text{ 啮合}\\[2mm]M_2 \text{ 脱开}-\dfrac{27}{63}-\dfrac{17}{58}\end{array}\right\}-\text{IV（主轴）}$$

传动级数为 18 级。

$$n_{\max} = \left(1430 \times \frac{90}{150} \times \frac{36}{22} \times \frac{42}{26} \times \frac{178}{200}\right) \text{r/min} = 2018.5\text{r/min}$$

$$n_{\min} = \left(1430 \times \frac{90}{150} \times \frac{17}{42} \times \frac{22}{45} \times \frac{178}{200} \times \frac{27}{63} \times \frac{17}{58}\right) \text{r/min} = 19.0\text{r/min}$$

5. 答：传动路线表达式为

$$\text{电动机} \atop (1440\text{r/min}) \quad \frac{5}{22} \ \frac{23}{23} \ \frac{20}{20} \ \frac{20}{80} \ \text{I}$$

所以

$$n_{\text{I}} = \left(1440 \times \frac{5}{22} \times \frac{23}{23} \times \frac{20}{20} \times \frac{20}{80}\right) \text{r/min} = 81.8\text{r/min}$$

Ⅰ 到 Ⅱ 的传动路线表达式为

$$\text{I} \quad \frac{80}{20} \ \frac{20}{20} \ \frac{23}{23} \ \frac{35}{30} \ \frac{30}{50} \ \frac{25}{40} \ \frac{1}{84} \ \text{II}$$

$$n_{\text{II}} = n_{\text{I}} \times \frac{80}{20} \times \frac{20}{20} \times \frac{23}{23} \times \frac{35}{30} \times \frac{30}{50} \times \frac{25}{40} \times \frac{1}{84} = 0.02n_{\text{I}}$$

当 $n_{\text{I}} = 1\text{r/min}$ 时，$n_{\text{II}} = 0.02\text{r/min}$。

Ⅱ 到螺母的传动路线表达式为

$$\text{II} \quad \frac{84}{1} \ \frac{40}{25} \ \frac{2}{20} \times 10 \ \text{螺母}$$

当轴 Ⅱ 旋转一周时，螺母移动的距离 $S = \left(10 \times \frac{84}{1} \times \frac{40}{25} \times \frac{2}{20}\right)\text{mm} = 134.4\text{mm}$。

第六章　其他机床及典型加工方法

一、思考题

1. 答：钻头结构包括工作部分、颈部和柄部。工作部分包括切削部分和导向部分，颈部位于工作部分和柄部的过渡部分，柄部是钻头的夹持部分。

钻头横刃前角为负值，主切削刃越接近芯部，前角越小，且两刃不易磨得对称，排屑槽深，刚性差。

扩孔钻的结构形式分为带柄及套式两类。带柄的扩孔钻由工作部分及柄部组成。

扩孔钻与麻花钻相比具有无横刃、切削刃多（3～4 个齿）、前角大、排屑槽浅、刚性好、导向性好等结构特点，并具有切削深度小、切削力小、散热条件好、切削平衡等切削特点。

铰刀可分为手用铰刀与机用铰刀两大类。手用铰刀又分为整体式和可调整式，机用铰刀分为带柄式和套式。加工锥孔用的铰刀称为锥度铰刀。

铰刀与麻花钻及扩孔钻相比，切削刃数量多（6～12 个），排屑槽浅，刚性和导向性好，铰刀修光部分能修整刮光加工表面，且切削余量小，切削速度低。切削力小，切削热少，因此铰孔能获得较高的加工质量。

2. 答：钻头在切削时，横刃处于受挤压状态，轴向抗力较大，同时横刃过长，不利于钻头定心，易产生引偏和抖动，导致孔扩大。

当钻头中心和回转中心不重合时也会产生孔扩大现象。

3. 答：镗床镗孔主要有以下三种方式：

1）镗床主轴带动刀杆和镗刀旋转，工作台带动工件作纵向进给运动。这种方式镗削的

孔径一般小于 $\phi 120$mm。

2）镗床主轴带动刀杆和镗刀旋转，并作纵向进给运动。这种方式主轴悬伸的长度不断增大，刚性随之减弱，一般只用来镗削长度较短的孔。

3）镗床平旋盘带动镗刀旋转，工作台带动工件作纵向进给运动。利用径向刀架使镗刀处于偏心位置，即可镗削大孔，但孔不宜过长。

4. 答：珩磨比磨削加工精度高。磨削时支承砂轮的轴承位于被珩孔之外，会产生偏差，特别是小孔加工，磨削比珩磨精度更差。珩磨一般只能提高被加工零件的形状精度，要想提高零件的位置精度，需要采取一些必要的措施。如用面板改善零件端面与轴线的垂直度。

珩磨加工的表面粗糙度值 Ra 为 $0.2 \sim 0.05 \mu$m，表面为交叉网纹，有利于润滑油的存储及油膜的保持。有较高的表面支承率，能承受较大载荷，耐磨损，从而提高了产品的使用寿命。

5. 答：铣刀主运动方向与进给方向之间的夹角为锐角时称为逆铣，为钝角时称为顺铣。

顺铣法切入时切削厚度最大，切出时为零，因而避免了切削刃在已加工表面的冷硬层上滑行，可提高刀具寿命，降低加工表面的表面粗糙度值。

顺铣法中，刀齿切入时切削力水平分量可能与进给方向相反，但以后逐渐改变方向，因此，在切削过程中，丝杠螺母配合若有间隙便可能发生窜动，引起工作台振动，影响加工质量。因此顺铣时，应采取措施消除丝杠螺母的间隙。

6. 答：铣削的加工特点有工艺范围广，生产率高，刀齿散热条件较好，容易产生振动。

7. 答：（1）展成运动：展成运动是滚刀与工件之间的啮合运动，是一个复合的表面成形运动，可被分解为两个部分——滚刀的旋转运动 B_{11} 和工件的旋转运动 B_{12}。B_{11} 和 B_{12} 相互运动的结果，形成了齿轮表面的母线—渐开线。

展成运动传动链为滚刀—4—5—u_x—6—7—工件。

（2）主运动：滚刀的切削运动即为主运动。主运动传动链为电动机—1—2—u_y—3—4—滚刀。

8. 答：插齿机加工原理为一对圆柱齿轮的啮合，其中一个是工件，另一个是端面磨有前角，齿顶及齿侧均磨有后角的齿轮形刀具。插齿机是按展成法加工圆柱齿轮的。

二、判断题

1. $\checkmark$；2. $\checkmark$；3 $\checkmark$；4. $\checkmark$；5. $\times$；6. $\checkmark$；7. $\checkmark$；8. $\checkmark$；9. $\times$；10. $\times$。

第七章　数控机床

一、思考题

1. 答：闭环控制系统是指在机床移动部件上直接安装直线位移检测装置，用于测量和反馈移动部件实际位移，从而实现移动部件的精确运动和定位的控制系统。它对机床的结构以及传动链都提出比较严格的要求，调试困难，但精度高。

闭环控制系统结构框图略。

2. 答：选择并决定零件的数控加工内容，零件图样的数控工艺性分析，数控加工的工艺路线设计，数控加工的工序设计，数控加工专用技术文件的编写。

其他略。

二、选择题

1. A；2. A；3. C；4. A；5. B。

三、判断题

1. √；2. ×；3. √；4. ×；5. ×。

四、填空题

1. 立；2. 工件。

第八章　机械加工工艺规程的制订

一、思考题

略。

二、选择题

（一）单项选择题

1. B；2. A；3. A；4. B；5. D；6. C；7. D；8. A；9. A；10. A；11. C；12. D；13. A；14. A。

（二）多项选择

1. A、B；2. B、C；3. A、B、C、D；4. A、B、C；5. A、B、C；6. A、B、D；7. C、D；8. C、D；9. A、B、D；10. A、B、C；11. A、B、D。

三、判断题

1. √；2. ×；3. √；4. √；5. ×；6. √；7. ×；8. √；9. √；10. √；11. ×；12. ×；13. √；14. √；15. ×；16. ×。

四、计算题

1. 答：$A_1 = 10_{-0.3}^{-0.18}$mm，$A_2 = 45_{-0.3}^{-0.2}$mm。

2. 答：$t = 0.42_{+0.02}^{+0.18}$mm，按入体原则标注为 $t = 0.44_0^{+0.16}$mm。

3. 答：半径为 $13.975_0^{+0.008}$mm，即 $\phi27.95_0^{+0.016}$mm。

4. 答：
$$6\text{mm} = 26\text{mm} + L - 36\text{mm}$$
$$L = 16\text{mm}$$
$$0.1\text{mm} = ES + 0.05\text{mm} - (-0.05\text{mm})$$
$$ES = 0$$
$$-0.1\text{mm} = EI - 0.05\text{mm} - 0$$
$$EI = -0.05\text{mm}$$
$$即 L = 16_{-0.05}^{0}\text{mm}$$

5. 答：
$$80\text{mm} = A_1 + 7.5\text{mm} + 7.5\text{mm} \qquad A_1 = 65\text{mm}$$
$$0.08\text{mm} = 0.0175\text{mm} + 0.0175\text{mm} + ES \quad ES = 0.045\text{mm}$$
$$-0.08\text{mm} = 0 + 0 + EI \qquad EI = -0.08\text{mm}$$
$$A_1 = 65_{-0.08}^{+0.045}\text{mm}$$

6. 答：
$$0.8\text{mm} = t + 14.9\text{mm} - 15\text{mm} \qquad t = 0.9\text{mm}$$
$$0.3\text{mm} = 0.0105\text{mm} + ES - 0 \qquad ES = 0.2895\text{mm}$$
$$0 = 0 + EI - 0.0105\text{mm} \qquad EI = 0.0105\text{mm}$$
$$t = 0.9_{+0.0105}^{+0.2895}\text{mm}$$

7. 答：

$$110.6\text{mm} = A_2 + 27\text{mm} \qquad A_2 = 83.6\text{mm}$$
$$0.05\text{mm} = 0.009\text{mm} + \text{ES} \quad \text{ES} = 0.041\text{mm}$$
$$-0.05\text{mm} = 0 + \text{EI} \qquad \text{EI} = -0.05\text{mm}$$
$$A_2 = 83.6^{+0.041}_{-0.05}\text{mm}$$

8. 答：

（1）H 的上、下偏差

$$5\text{mm} = H - 20\text{mm} \qquad H = 25\text{mm}$$
$$0 = \text{ES} - (-0.02\text{mm})$$
$$\text{ES} = -0.02\text{mm}$$
$$-0.06\text{mm} = \text{EI} - 0$$
$$\text{EI} = -0.06\text{mm}$$
$$H = 25^{-0.02}_{-0.06}\text{mm}$$

（2）A 的上、下偏差

$$26\text{mm} = (A + 50\text{mm}) - (20\text{mm} + 10\text{mm})$$
$$A = 6\text{mm}$$
$$0.2\text{mm} = (\text{ES} + 0) - (-0.1\text{mm} + 0)$$
$$\text{ES} = 0.1\text{mm}$$
$$-0.2\text{mm} = (\text{EI} - 0.1\text{mm}) - (0.1\text{mm} + 0.3\text{mm})$$
$$\text{EI} = 0.03\text{mm}$$
$$A = 6^{+0.10}_{+0.03}\text{mm}$$

9. 答：

1）确定工艺路线：粗车—半精车—粗磨—精磨。

2）确定各工序余量：根据经验或查手册确定，精磨余量为 0.1mm，粗磨余量为 0.3mm，半精车余量为 1.0mm，粗车余量 = 总余量 –（精磨余量 + 粗磨余量 + 半精车余量）= [4 – (0.1 + 0.3 + 1.0)]mm = 2.6mm。

3）计算各工序基本尺寸：精磨基本尺寸为 24mm，粗磨基本尺寸为（24 + 0.1）mm = 24.1mm，半精车基本尺寸为（24.1 + 0.3）mm = 24.4mm，粗车基本尺寸为（24.4 + 1.0）mm = 25.4mm。

4）确定各工序加工经济精度：精磨 IT6（设计要求），粗磨 IT8，半精车 IT11，粗车 IT13。

5）按入体原则标注各工序尺寸及公差：精磨为 $\phi24^{\ 0}_{-0.013}$mm，粗磨为 $\phi24.1^{\ 0}_{-0.033}$mm，半精车为 $\phi24.4^{\ 0}_{-0.13}$mm，粗车为 $\phi25.4^{\ 0}_{-0.33}$mm。

10. 答：

1）图 8-25b：基准重合，定位误差 $\Delta_{\text{DW}} = 0$，$A_1 = 10 \pm 0.1$mm。

2）图 8-25c：尺寸 A_2、（10 ± 0.1）mm 和 $8^{\ 0}_{-0.05}$mm 构成一个尺寸链，其中尺寸（10 ± 0.1）mm 是封闭环，尺寸 A_2 和 $8^{\ 0}_{-0.05}$mm 是组成环，且 A_2 为增环，$8^{\ 0}_{-0.05}$mm 为减环。由直线尺寸链极值算法的基本尺寸计算公式可得 10mm = A_2 – 8mm，A_2 = 18mm。

由直线尺寸链极值算法偏差计算公式可得 0.1mm = ES – (– 0.05mm)，ES = 0.05mm；

$-0.1\text{mm} = EI - 0$，$EI = -0.1\text{mm}$。

故 $A_2 = 18^{+0.05}_{-0.1}\text{mm}$。

3）图 8-25d：尺寸 A_3、$(10 \pm 0.1)\text{mm}$、$8^{0}_{-0.05}\text{mm}$ 和 $38^{0}_{-0.1}\text{mm}$ 构成一个尺寸链，其中尺寸 $(10 \pm 0.1)\text{mm}$ 是封闭环，尺寸 A_3、$8^{0}_{-0.05}\text{mm}$ 和 $38^{0}_{-0.1}\text{mm}$ 是组成环，且 $38^{0}_{-0.1}\text{mm}$ 为增环，A_3 和 $8^{0}_{-0.05}\text{mm}$ 为减环。由直线尺寸链极值算法的基本尺寸计算公式可得 $10\text{mm} = 38\text{mm} - (A_3 + 8\text{mm})$，$A_3 = 20\text{mm}$。

由直线尺寸链极值算法的偏差计算公式可得 $0.1\text{mm} = 0 - [EI + (-0.05\text{mm})]$，$EI = -0.05\text{mm}$；$-0.1\text{mm} = -0.1\text{mm} - (ES + 0)$，$ES = 0$。

故 $A_3 = 20^{0}_{-0.05}\text{mm}$。

11. 答：尺寸 $(75 \pm 0.05)\text{mm}$、H 和半径 R 组成一个尺寸链，其中尺寸 $(75 \pm 0.05)\text{mm}$ 是间接得到的，是封闭环。半径 $R = 25^{+0.015}_{0}\text{mm}$ 和 H 是增环。解此尺寸链可得到 $H = 50^{+0.035}_{-0.05}\text{mm}$。

12. 答：建立尺寸链，其中 $B = 26^{0}_{-0.2}\text{mm}$，是尺寸链的封闭环；$R_1 = 15.3^{0}_{-0.05}\text{mm}$，是尺寸链的减环，$R_2 = 15^{0}_{-0.016}\text{mm}$，是尺寸链的增环；$A_1$ 也是尺寸链的增环，待求。解此尺寸链可得 $A_1 = 26.3^{-0.05}_{-0.184}\text{mm}$。

13. 答：建立尺寸链（图 A-2），其中 $Z = (0.3 \pm 0.05)\text{mm}$ 是尺寸链的封闭环；$R_2 = 30^{0}_{-0.015}\text{mm}$，是尺寸链的减环；$R_1$ 是尺寸链的增环，待求。解此尺寸链可得 $R_1 = 30.3^{+0.035}_{-0.05}\text{mm}$。

由此可求出淬火前精车的直径工序尺寸为 $D_1 = 60.6^{+0.07}_{-0.1}\text{mm}$。

14. 答：渗碳层深度 $0.7^{+0.30}_{0}\text{mm}$ 为封闭环，尺寸链如图 A-3 所示，$t = 1.0^{+0.285}_{+0.01}\text{mm}$。

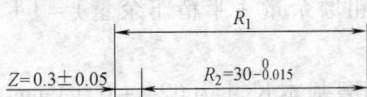

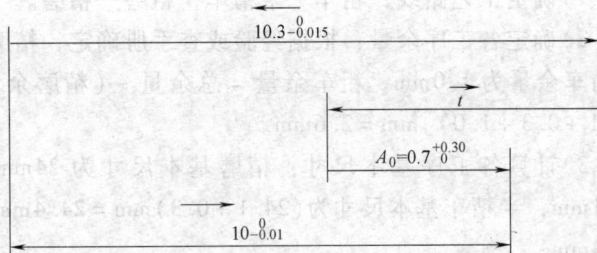

图 A-2　尺寸链　　　　　　　　　图 A-3　尺寸链

15. 答：根据加工过程，绘制尺寸链，明确封闭环、增环和减环，如图 A-4 所示。其中键槽深度尺寸为间接保证的尺寸，为封闭环，记为 A_0；插键槽工序尺寸 A 为增环，磨内孔尺寸 A_1 为增环，车内孔尺寸 A_2 为减环。

$A = 90.3^{+0.1825}_{+0.035}\text{mm}$，按入体原则标准为 $A = 90.335^{+0.1475}_{0}\text{mm}$。

16. 答：$40^{+0.19}_{0}\text{mm}$，按入体原则标注为 $40.19^{0}_{-0.19}\text{mm}$。

17. 答：尺寸链如图 A-5 所示，键槽尺寸为 $62.25^{-0.05}_{-0.27}\text{mm}$，按入体原则标注为 $62.2^{0}_{-0.22}\text{mm}$。

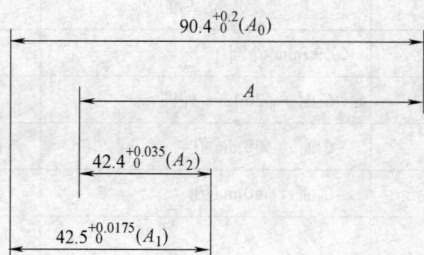

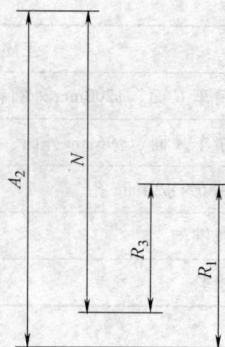

图 A-4　尺寸链　　　　　　　　　　　　　　　　图 A-5　尺寸链

五、综合题

1. 答：该零件的工艺安排见表 A-1，也可按表 A-2 安排其工艺。

表 A-1　零件大批生产的工艺路线

序号	工序内容	定位基准	设备
1	粗车、精车 A 面，粗车、精车 $\phi36mm$ 孔	$\phi60mm$ 外圆	车床
2	粗铣、精铣 $\phi60mm$ 小端面	A 面	铣床
3	粗铣、精铣 $\phi25mm$ 小端面	A 面	铣床
4	钻 $\phi15mm$ 孔	A 面、$\phi36mm$ 孔、$\phi25mm$ 外圆	钻床
5	拉键槽	A 面、$\phi36mm$ 孔	拉床
6	检验		

表 A-2　零件大批生产的工艺路线

序号	工序内容	定位基准	设备
1	粗铣、精铣 A 面	尺寸 20mm 左端面	铣床
2	粗铣、精铣 $\phi60mm$ 小端面	A 面	铣床
3	粗铣、精铣 $\phi25mm$ 小端面	A 面	铣床
4	同时钻、扩、铰 $\phi36mm$ 和 $\phi15mm$ 孔	A 面、$\phi60mm$ 和 $\phi25mm$ 外圆	钻床
5	拉键槽	A 面、$\phi36mm$ 孔	拉床
6	检验		

2. 答：该零件的工艺安排见表 A-3，也可按表 A-4 安排其工艺。

表 A-3　零件大批生产的工艺路线

序号	工序内容	定位基准	设备
1	粗车 C 面、$\phi200mm$ 外圆和 $\phi60mm$ 孔	$\phi96mm$ 外圆	车床
2	粗车 A 面、$\phi96mm$ 外圆、台阶 B 面	C 面、$\phi200mm$ 外圆	车床

（续）

序号	工序内容	定位基准	设备
3	精车 C 面、φ200mm 外圆和 φ60mm 孔，倒角	φ96mm 外圆	车床
4	精车 A 面、φ96mm 外圆、台阶 B 面，孔倒角	C 面、φ200mm 外圆	车床
5	钻 6 × φ20mm 孔	C 面、φ60mm 孔	钻床
6	拉键槽	C 面、φ60mm 孔	拉床
7	检验		

表 A-4 零件大批生产的工艺路线

序号	工序内容	定位基准	设备
1	粗车、精车 C 面、φ60mm 孔，倒角	φ96mm 外圆	车床
2	拉孔和键槽	C 面、φ60mm 孔	拉床
3	以心轴定位粗车 A 面、φ96mm 外圆、台阶 B 面	C 面、φ60mm 孔	车床
4	不卸下心轴精车 A 面、φ96mm 外圆、台阶 B 面	C 面、φ60mm 孔	车床
5	钻 6 × φ20mm 孔	C 面、φ60mm 孔	钻床
6	检验		

3. 答：该零件的工艺安排见表 A-5。

表 A-5 零件大批生产的工艺路线

序号	工序内容	定位基准	设备
1	车端面 A、内孔，内孔倒角	小端外圆	车床
2	车端面 B、φ40mm 阶梯孔，内孔倒角	大端外圆	车床
3	拉花键	大端面、内孔	拉床
4	上心轴，粗车各部分	大端面、内孔	车床
5	上心轴，精车各部分	大端面、内孔	车床
6	去毛刺		
7	检验		
8	滚大齿轮	大端面、内孔	滚齿机
9	插小齿轮	大端面、内孔	插齿机
10	剃大齿轮	大端面、内孔	剃齿机
11	剃小齿轮	大端面、内孔	剃齿机
12	总检验		

4. 答：精基准：液压缸的设计基准孔 B，按基准重合原则，应选孔 B 为精基准。以 B 为精基准也可以方便地加工其他表面，与统一基准原则相一致。故选孔 B 为统一精基准。粗基准：液压缸的外圆没有功能要求，与孔 B 也没有位置关系要求。而孔 B 是重要加工面，从保证其余量均匀的角度出发，应选孔 B 的毛坯孔作为定位粗基准。

第九章　工件在机床上的安装

一、思考题

答案略。

二、选择题

1. D；2. D；3. A；4. B；5. C；6. B；7. B；8. A；9. A；10. B；11. C。

三、判断题

1. √；2. ×；3. ×；4. ×；5. ×；6. ×；7. ×；8. √；9. ×；10. ×。

四、填空题

1. 完全定位、不完全定位、过定位、欠定位；2. 完全定位、不完全定位；3. 定位原件、夹紧装置、夹具体、夹具与机床之间的连接元件、对刀及导向装置、其他元件及装置；4. 手动夹具、气动夹紧夹具、液压夹紧夹具、气液联动夹紧夹具、电磁夹紧夹具和真空夹紧夹具；5. 钻套、对刀块；6. 随行夹具；7. 动力装置、夹紧机构；8. 斜楔夹紧机构、螺旋夹紧机构、偏心夹紧机构；9. 定位误差、安装误差和调整误差；10. 工序基准和定位基准不重合而引起的基准不重合误差、定位基准和定位元件本身的制造不准确而引起的定位基准位移误差。

五、计算题

1. 答：图 9-4b 所示的定位销定位方案属于固定单边接触的心轴，对于工序尺寸 $94_{-0.20}^{\ 0}$ mm，工序基准为外圆 $\phi100$mm 的下母线，定位基准为内孔 $\phi60$mm 的中心线，基准不重合误差 $\Delta_B = \delta_d/2 = 0.2/2$mm = 0.1mm。

由于内孔 $\phi60$mm 的尺寸变化引起的基准位移误差 $\Delta_Y = \delta_{d_1}/2 + \delta_D/2 = (0.30 + 0.11)/2$mm = 0.205mm，$\Delta_D = \Delta_B + \Delta_Y = (0.1 + 0.205)$mm = 0.305mm $> \dfrac{0.2}{3}$mm = 0.067mm，故该方案不合理。

图 9-4c 所示的 V 形块定位方案中，对于工序尺寸 $94_{-0.20}^{\ 0}$mm，工序基准为外圆 $\phi100$mm 的下母线，定位基准为外圆 $\phi100$mm 的中心线，基准不重合误差 $\Delta_B = \delta_d/2 = 0.2/2$mm = 0.1mm。

由于外圆 $\phi60$mm 的尺寸变化引起的基准位移误差 $\Delta_Y = \dfrac{\delta_d}{2\sin\dfrac{\alpha}{2}} = \dfrac{0.2}{2\sin45°}$mm = 0.14mm，

$\Delta_D = (0.14 - 0.1)$mm = 0.04mm $< \dfrac{0.2}{3}$mm = 0.067mm，故该方案满足要求。

2. 答：用长 V 形块限制除沿 V 形块轴心线的移动和绕轴心线转动外的其余四个自由度，属于不完全定位。

计算定位误差：

$$\Delta_B = (0.02 + 0.015)\text{mm} = 0.035\text{mm}$$

$$\Delta_Y = 0.707 \times 0.02\text{mm} = 0.01414\text{mm}$$

$$\Delta_D = (0.035 + 0.01414)\text{mm} = 0.04914\text{mm}$$

因此，定位误差为 0.04914mm。

3. 答：限制了除绕 X 轴旋转以外的五个自由度，属于不完全定位。

水平方向定位误差为 0。

垂直方向定位误差：

$$\Delta_D = \Delta_Y - \Delta_B = \frac{T_d}{2}\frac{1}{\sin \alpha/2} - \frac{T_d}{2}$$

$$= \left(\frac{0.052}{2} \times \frac{1}{\sin 45°} - \frac{0.052}{2}\right)\text{mm}$$

$$= (0.037 - 0.026)\text{mm}$$

$$= 0.011\text{mm} < \frac{0.1}{3}\text{mm}$$

因此定位误差为 0.011mm，能满足加工要求。

4. 答：对于尺寸 A，有

$$\Delta_B = T_{d_2}/2 + 2e$$

$$\Delta_Y = \frac{T_{d_1}}{2\sin \frac{\alpha}{2}}$$

$$\Delta_D = \Delta_B + \Delta_Y$$

5. 答：$\qquad\qquad \Delta_B = \delta_D/2 = 0.0125\text{mm}$

$$\Delta_Y = \delta_d/2\sin(90°/2) = 0.7 \times \delta_d = 0.0707\text{mm}$$

$$\Delta_D = \Delta_B + \Delta_Y = \delta_D/2 + 0.7\delta_d = 0.0832\text{mm} > \frac{T_{工件}}{3} = 0.067\text{mm}$$

6. 答：

1）限制了四个自由度：$\vec{Y}$、$\vec{Z}$、$\overset{\frown}{X}$、$\overset{\frown}{Z}$。

2）定位方法如图 A-6 所示。

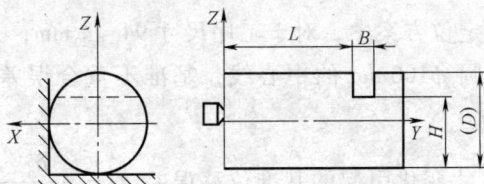

图 A-6 定位方法示意图

3）定位误差：

对于尺寸 H：$\Delta_B = 0$，$\Delta_Y = 0$，$\Delta_D = 0$。

对于尺寸 L：$\Delta_B = 0$，$\Delta_Y = 0$，$\Delta_D = 0$。

7. 答：

1）按照定位误差组成，有 $\Delta_D = \Delta_B + \Delta_Y$。

2）加工孔 A 的工序基准为中心线，定位基面为外圆，定位基准也是外圆的中心线。工序基准与定位基准重合，$\Delta_B = 0$。

3）工件的外径尺寸制造公差引起基准位移误差 Δ_{Y_1}，按照外圆在 V 形块上的定位计算

有

$$\Delta_{Y_1} = 0.5/2\sin(60°/2)\,\text{mm} = 0.5\,\text{mm}$$

4）工件 V 形槽宽 $20_{-0.5}^{\ 0}$mm 的尺寸公差引起的基准位移误差为 Δ_{Y_2}，则

$$\Delta_{Y_2} = 0.5\tan45°\cos60°\,\text{mm} = 0.25\,\text{mm}$$

$$\Delta_D = \Delta_{Y_1} + \Delta_{Y_2} = 0.75\,\text{mm}$$

因定位而产生的同轴度误差为 0.75mm。

8. 答：

$$\Delta_{dw(H_1)} = \frac{T_d}{2\sin\dfrac{\alpha}{2}}, \quad \Delta_{dw(H_2)} = \frac{T_d}{2}\left(1 + \frac{1}{\sin\dfrac{\alpha}{2}}\right),$$

$$\Delta_{dw(H_3)} = \frac{T_d}{2}\left(\frac{1}{\sin\dfrac{\alpha}{2}} - 1\right), \quad \Delta_{dw(对称)} = 0。$$

9. 答：设计基准为轴心线 O，其两个极限位置为 $d_{\min}$、$B_{\max}$ 和 $d_{\max}$、$B_{\min}$，根据定位误差定义得

$$\Delta_{dw} = \frac{T_d}{2} + \frac{\sqrt{2}}{2}T_d + T_B = 0.433\,\text{mm}$$

用定位误差组成 $\Delta_{dw} = \Delta_{jb} \pm \Delta_{db}$ 计算也可。

六、综合题

1. 答：

1）自定心卡盘限制 X 轴的移动和转动，Y 轴的移动和转动；两个顶尖除不限制 Z 轴转动外，限制其他五个自由度；发生过定位现象。

2）长轴限制 X 轴的移动和转动，Y 轴的移动和转动；大端面限制 Z 轴的移动，X 轴的转动，Y 轴的转动；发生过定位现象。

3）长销限制 X 轴的移动和转动，Y 轴的移动和转动；V 形块限制 X 轴的移动，Y 轴的移动和 Z 轴的转动；大端面限制 Z 轴的移动，X 轴的转动，Y 轴的转动；发生过定位现象。

4）左边的 V 形块限制 X 轴的移动，Y 轴的移动；右边的活动 V 形块限制 Y 轴的移动；大端面限制 Z 轴的移动，X 轴的转动，Y 轴的转动；发生过定位现象。

2. 答：

1）限制 $\overrightarrow{X}$、$\overrightarrow{Y}$、$\overrightarrow{Z}$ 三个自由度。

2）限制 $\overrightarrow{X}$、$\overrightarrow{Y}$、$\widehat{X}$、$\widehat{Z}$ 四个自由度。

3）限制 $\overrightarrow{Y}$、$\overrightarrow{Z}$、$\widehat{X}$、$\widehat{Z}$ 四个自由度。

4）限制 $\overrightarrow{X}$、$\overrightarrow{Y}$、$\widehat{X}$、$\widehat{Y}$、$\widehat{Z}$ 五个自由度。

3. 答：

1）设立坐标系（图 A-7），根据加工要求可知需要限制五个自由度。

2）根据图示，孔 O_1 与 O_2 的工序基准为 A 面

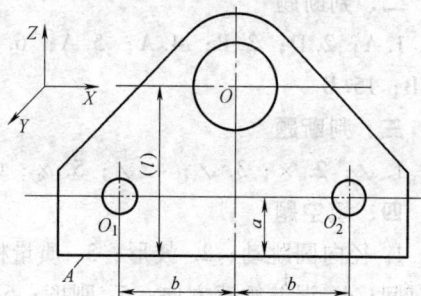

图 A-7　建立坐标系

和 O 孔中心线。根据定位基准与工序基准重合原则，应选择 A 面和 O 孔作为定位基准。其中 A 面与加工孔有孔距尺寸公差要求，选择 A 面为第一定位基准，O 孔中心线为第二定位基准。

3）A 面作为第一定位基准，选用平面定位支承可以限制三个自由度，其余两个自由度由第二定位基准 O 孔内的定位元件来限制。为了防止在 Z 方向产生重复定位，故选用一个削边销限制两个自由度。定位方案如图 A-8、图 A-9 所示。

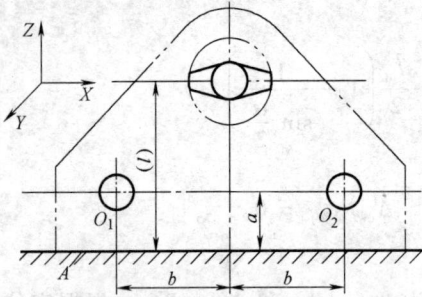

图 A-8　削边销限制两个自由度　　　图 A-9　平面限制三个自由度

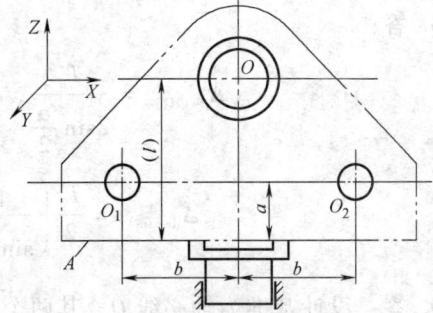

第十章　机械加工精度

一、思考题

1. 答：零件的机械加工精度包含尺寸精度、形状精度和位置精度。

获得尺寸精度的方法有：试切法、调整法、定尺寸刀具法和自动获得法。

获得零件形状精度的方法有：轨迹法、成形法、仿形法和展成法。

获得相互位置精度的方法有：直接找正法、划线找正法和夹具定位法。其精度主要由机床精度、夹具精度和工件的装夹精度来保证。

2. 答：直接减少或消除误差，误差转移法，误差分组法，就地加工法，误差平均法，误差补偿法。

3. 答：根据误差复映规律，横截面仍有圆度误差；工件细长，刚度差，因此加工后会呈腰鼓形，且靠近床头一端工件的直径小于靠近尾座一端的直径。

4. 答：对于车床，车削外圆时：导轨在水平面内的误差 Δy，引起工件在半径上的误差 ΔR，且 $\Delta R = \Delta y$；导轨在垂直面内的误差 Δz，引起工件在半径上的误差 $\Delta R' \approx (\Delta z)^2 / 2R'$。可见，导轨在水平面的误差对工件加工精度的影响比在垂直面的误差影响大得多。

二、判断题

1. A；2. D；3. B；4. A；5. A；6. B；7. A；8. A；9. D；10. A；11. B；12. A；13. B；14. B；15. B。

三、判断题

1. √；2. ×；3. √；4. √；5. ×；6. √；7. ×；8. √；9. ×；10. ×。

四、填空题

1. 径向圆跳动；2. 鼓形；3. 质量标准的设备和工装、标准技术等级的工人、合理的加工时间；4. 误差敏感方向；5. 刚度；6. 尺寸、形状；7. 内部热源、外部热源；8. 切削热、摩擦热；9. 系统性误差、随机性误差；10. 常值系统、随机。

五、计算题

1. 答：因 $\Delta = 0.03$mm，$\sigma = 0.02$，根据尺寸要求 $\phi 30_{-0.12}^{\ 0}$mm $= \phi(29.94 \pm 0.06)$mm，则

$$z_1 = \left| \frac{x - \overline{X}}{\sigma} \right| = \left| \frac{29.88 - 29.91}{0.02} \right| = 1.5, F(z_1) = 0.4332$$

$$z_2 = \left| \frac{x - \overline{X}}{o} \right| = \left| \frac{30 - 29.91}{0.02} \right| = 4.5, F(z_2) = 0.5$$

故废品率为 6.68%。

2. 答：合格品率为 97.585%，偏大不合格品率为 2.28%，偏小不合格品率为 0.135%，总计不合格品率为 2.414%。

3. 答：公差带中心 $X = (18 + 18 - 0.035)/2$mm $= 17.9825$mm，尺寸分布中心为 17.988mm，位于公差带中心的右侧，即存在常值性系统误差，为 $(17.988 - 17.9825)$mm $= 0.0055$mm。

实际零件最大值 $X_{max} = \overline{X} + 3\delta = (17.988 + 0.018)$mm $= 18.006$mm

最小值 $X_{min} = \overline{X} - 3\delta = (17.988 - 0.018)$mm $= 17.970$mm

尺寸偏大废品率 $0.5 - F_A = 0.5 - 0.4772 = 0.0228 = 2.28\%$

合格品率 $1 - 2.28\% = 97.72\%$

而零件要求最大值 $X_{max} = 18$mm，最小值 $X_{min} = 17.965$mm，所以存在过大的零件。

$$F_A = F\left(\frac{X_{max} - \overline{X}}{\delta} \right) = F\left(\frac{18 - 17.988}{0.006} \right) = F(2)，查表 10-2 得 F_A = 0.4772。$$

六、综合题

1. 答：如图 10-9a 所示，在径向切削力的作用下，尾顶尖处的位移量大于前顶尖处的位移量，加工后工件外圆表面呈锥形，右端直径大于左端直径。

如图 10-9b 所示，在轴向切削力的作用下，工件受到扭矩的作用会产生沿顺时针方向的偏转。若刀具刚度很大，加工后端面会产生中凹。

如图 10-9c 所示，由于切削力作用点位置变化，将使工件产生鞍形误差，且右端直径大于左端直径。

2. 答：机床主轴与尾座不同轴，导轨与回转主轴不平行，误差复映。

3. 答：造成图示圆锥面的原因是车床横向导轨与车床主轴回转中心线不垂直，或由横向导轨在水平面的不垂直而引起。

造成图示端面凸轮的原因是车床主轴轴向窜动，或横向导轨在水平面的直线度误差。

4. 答：图 10-12a 所示形状误差产生的原因有：工件刚度，导轨水平方向直线度误差，毛坯形状误差。

图 10-12b 所示形状误差产生的原因有：导轨水平方向与主轴轴线空间相交，前后顶尖刚度不足，导轨扭曲，毛坯形状误差。

图 10-12c 所示形状误差产生的原因有：导轨水平方向直线度误差或主轴轴线不平行，尾座刚度，毛坯形状误差，刀具受热伸长变形。

5. 答：

1）工件细长，刚度差。铣槽时在径向切削力的作用下，工件产生变形，且中间变形大于两端，所以加工后工件的键槽两端深度大于中间。

2）铣削键槽时，刀轴变形始终一样，造成的让刀量也不变，所以铣削键槽比调整的深度尺寸小。

3）工作台导轨在垂直面内中凹。

6. 答：

1）分布图如图 A-10 所示：

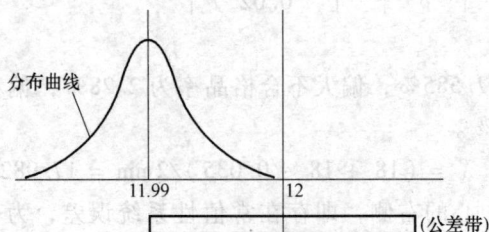

分布曲线

11.99　　12

（公差带）

图 A-10　分布曲线

2）工艺能力系数 $C_p = 0.02/(6 \times 0.003) = 1.1$。

3）废品率约为 50%。

4）产生废品的主要原因是存在较大的常值系统误差，这很可能是砂轮位置调整不当所致。改进办法是重新调整砂轮位置。

第十一章　机械加工表面质量

一、思考题

略。

二、选择题

1. A；2. B；3. D；4. B；5. C；6. B；7. B；8. A；9. D；10. D；11. A；12. B；13. C；14. D；15. D。

三、判断题

1. ×；2. ×；3. √。

四、填空题

1. 系统的固有频率；2. 内部激振力；3. 加工硬化、残余应力；4. 加工精度、加工表面质量；5. 主偏角、副偏角、进给量；6. 表面粗糙度；7. 波纹度。

五、综合题

1. 答：振动使加工表面产生振纹，降低加工精度，恶化加工条件，甚至使刀具崩刃，使切削无法进行。此外，振动还会损害机床的几何精度，产生噪声，恶化劳动条件。

2. 答：表面质量对零件的耐磨性、疲劳强度、配合性质和耐腐蚀性等使用性能均有影响。

3. 答：振动类型包括自由振动、强迫振动和自激振动。

一般来说，可从以下几方面来控制振动：减小或消除振源的激振力，提高工艺系统的刚度和阻尼，隔离振源，调节振源频率。

减小冲击切削振动的常用途径还有：按照需要改变刀具转速或改变机床结构，以保证刀具冲击频率远离机床共有频率及其倍数，增加刀具齿数，减小切削用量，以便减小切削力的大小；设计不等齿距的端铣刀，可以明显地减小冲击切削时引起的强迫振动。

4. 答：机械加工表面质量包含三个方面：表面粗糙度、波纹度、表面层的物理力学性能。

第十二章　装 配 工 艺

一、思考题

略。

二、选择题

1. A；2. B；3. A；4. C；5. A；6. A；7. A；8. D。

三、判断题

1. √；2. ×；3. ×；4. ×；5. ×；6. √；7. ×；8. √；9. √；10. ×。

四、计算题

1. 答：建立装配尺寸链：选 A_1 为协调环，求平均公差 $T_{\bar{A}} = \dfrac{T_{A_0}}{3} = \dfrac{0.15}{3}\text{mm} = 0.05\text{mm}$。取公差等级 IT8，$T_{A_2} = 0.039\text{mm}$，$T_{A_3} = 0.018\text{mm}$，则 $A_2 = 36^{\ 0}_{-0.039}\text{mm}$，$A_3 = 4^{\ 0}_{-0.018}\text{mm}$。则 $A_1 = 40^{+0.193}_{+0.1}\text{mm}$。

注：若选择其他环为协调环或组成环，公差选其他等级，则计算结果正确也可。

2. 答：建立尺寸链，如图 A-11 所示。

1）计算封闭环基本尺寸，即

$$A_\Sigma = \sum_{p=1}^{k} A_p - \sum_{q=k+1}^{m} A_q$$

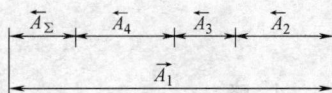

图 A-11　尺寸链

$$= A_1 - (A_2 + A_3 + A_4) = [41 - (17 + 7 + 17)]\text{mm} = 0\text{mm}$$

2）计算封闭环公差 T_0，即

$$T_0 = (0.15 - 0.05)\text{mm} = 0.10\text{mm}$$

3）确定各组成环公差。首先计算各组成环的平均公差 $T_{avA} = T_0/m = 0.10/4\text{mm} = 0.025\text{mm}$。考虑到各组成环基本尺寸的大小及制造难易程度各不相同，各组成环的制造公差应在平均公差值的基础上作适当调整，组成环 A_2 与 A_4 的公差值按 IT8 取，组成环 A_3 的公差值也按 IT8 取。

4）确定各组成环的极限偏差。组成环尺寸的极限偏差一般按"入体原则"配置。对于内尺寸，其尺寸偏差按 H 配置；对于外尺寸，其尺寸偏差按 h 配置；入体方向不明的长度尺寸，其极限偏差按"对称偏差"原则配置。其结果见表 A-6。

表 A-6　计算结果　　　　　　　　　　　　　　（单位：mm）

	基本尺寸	上偏差	下偏差		基本尺寸	上偏差	下偏差
A_1	41	+0.074	+0.050	A_3	-7	+0.022	0
A_2	-17	+0.027	0	A_4	-17	+0.027	0

故 $A_1 = 41^{+0.074}_{+0.050}\text{mm}$。

3. 答：

（1）极值法

1）建立尺寸链（图 A-12），并确定增减环 A_2、A_3 为增环，A_1 为减环。

2）计算封闭环的基本尺寸。

$$A_0 = [(30 + 16) - 46]mm = 0$$

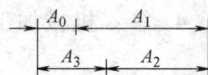

图 A-12　尺寸链

3）计算封闭环的上、下偏差。

$$ES = [(0.03 + 0.06) - (-0.04)]mm = 0.13mm$$

$$EI = [(0 + 0.03) - 0]mm = 0.03mm$$

封闭环尺寸 $A_0 = 0^{+0.13}_{+0.03}mm$，即 $A_0 = 0.03 \sim 0.13mm$。

（提示：验算后，一般应对验算结果进行分析判断。若结果不合适，应审查有关零件尺寸是否有误，否则可建议设计人员修改图样尺寸。）

（2）概率法

1）计算封闭环基本尺寸。

$$A_0 = 0$$

2）计算封闭环平均偏差。

$$\overline{X} = \left[\left(\frac{0.03 + 0}{2} + \frac{0.06 + 0.03}{2}\right) - \left(\frac{0 - 0.04}{2}\right)\right]mm = 0.08mm$$

3）计算封闭环公差，设备组成环呈正态分布。

$$T = \sqrt{(0.04)^2 + (0.03)^2 + (0.03)^2}\,mm = 0.058mm$$

4）封闭环尺寸。

$$A_0 = \left(0 + 0.08 \pm \frac{0.058}{2}\right)mm$$

4. 略。

5. 略。

五、综合题

略。

第十三章　先进制造技术与制造信息化

略。

第十四章　绿色制造与环境

一、思考题

1. 答：绿色制造又称环境意识制造或面向环境的制造，是一个系统地考虑环境影响和资源效率的现代制造模式。

绿色制造涉及制造技术、环境影响和资源利用等多个学科领域的理论、技术和方法。

绿色制造考虑两个过程：产品的生命周期和物流转化过程。

绿色制造技术包括绿色设计、清洁生产、绿色再制造等现代设计和制造技术。

绿色制造是一种充分考虑资源、环境的现代制造模式。

2. 答：干式加工是指在加工过程中不用冷却润滑液的加工工艺。它包括干式车削加工、干式滚切加工、干式磨削加工。

3. 答：虚拟绿色制造是虚拟技术在绿色制造中的应用。虚拟绿色制造的主要功能包括：

1）实现产品的绿色设计，包括产品绿色设计的材料选择、面向拆卸的设计、产品的回收性设计、面向制造和装配的设计。

2）实现产品加工过程仿真、装配过程仿真、工作过程或使用过程仿真、拆卸过程仿真和回收处理过程仿真等。

3）评估产品的功能性、经济性、全生命周期内对环境的影响程度，以及评价能源和资源利用，为设计人员提供产品设计和改进的依据。

二、填空题

1. 环境意识制造、面向环境的制造；2. 绿色设计、清洁生产、绿色再制造；3. 产品生产过程控制、产品整个生命周期过程控制；4. 选择适合干式切削的刀具、改进刀具几何形状、确定干式车削加工条件；5. 再制造加工、过时产品的性能升级。

三、论述题

略。

附录 B　"机械制造技术基础"课程项目研究书

一、题目

设计下列零件的工艺规程和加工工序，要求自行选择毛坯，给出具体的工序尺寸和公差，选择设备、刀具和切削用量。设计其中某个工序的夹具方案，分析其定位精度。零件的生产类型为中批量生产。

下列题目（图 B-1 ~ 图 B-5）任选其一。

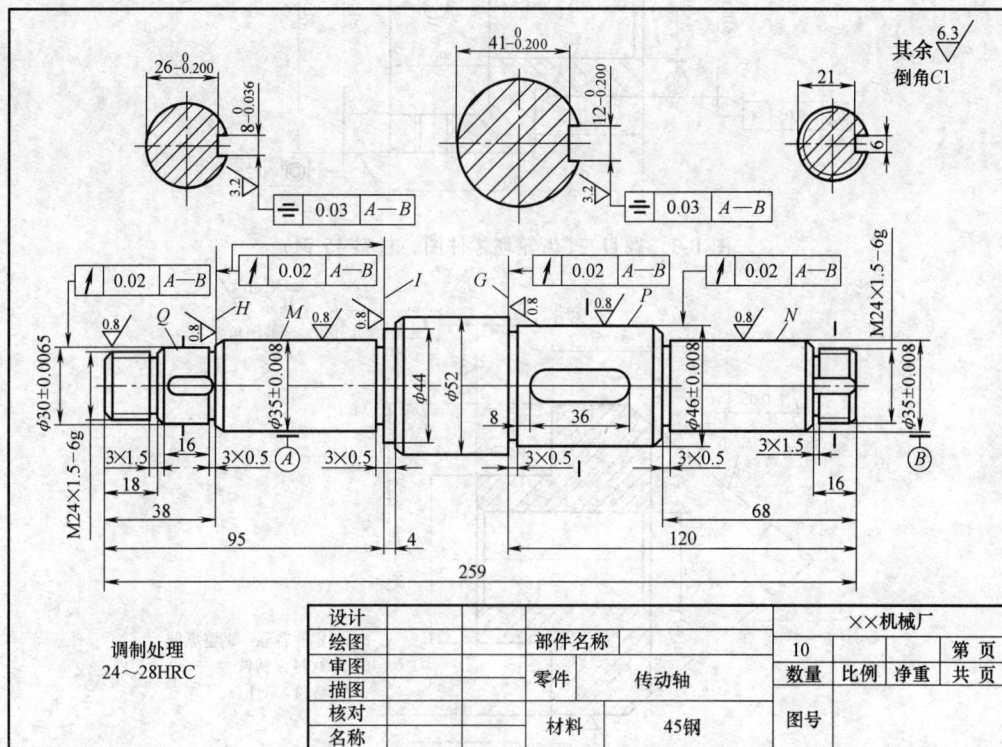

图 B-1　题目一（传动轴零件图）

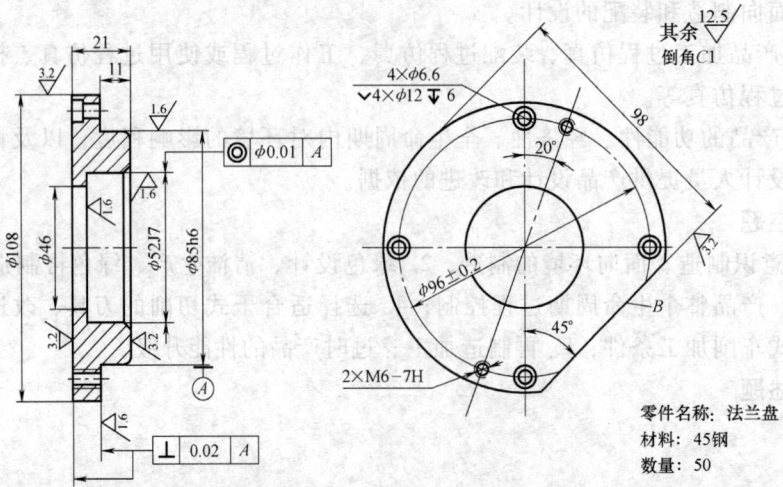

图 B-2　题目二(盘类零件图)

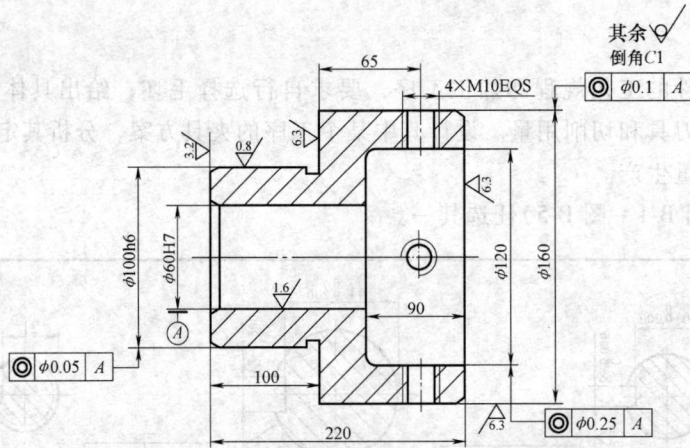

零件名称：法兰盘
材料：45钢
数量：50

图 B-3　题目三(齿轮坯零件图，材料 45 钢)

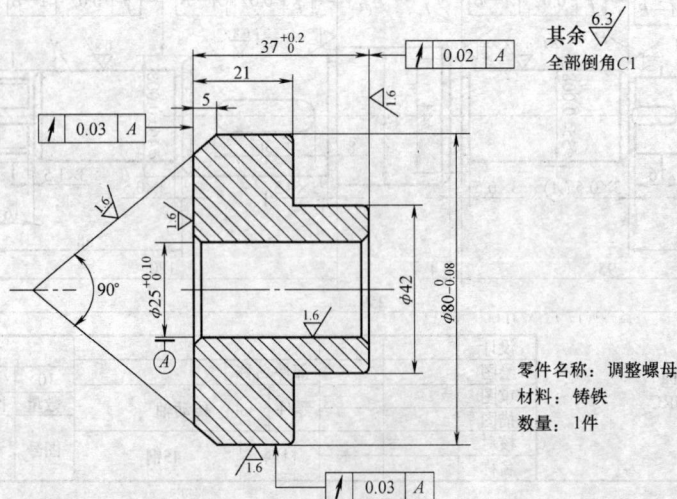

图 B-4　题目四(螺母零件图)

零件名称：调整螺母
材料：铸铁
数量：1件

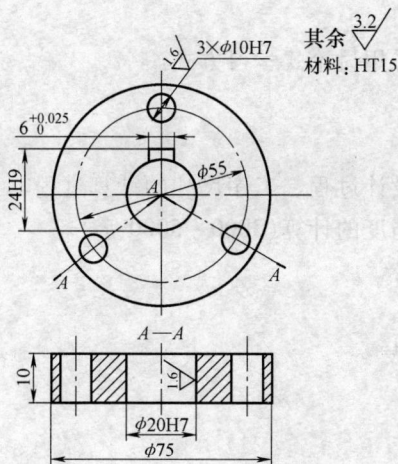

图 B-5　题目五(盘类零件图)

二、活动一览表(表 B-1)

表 B-1　"机械制造技术基础"课程学习小组活动一览表

项目名称:＿＿＿＿＿＿＿＿＿　　　　　　　　　　　　　　　　　　　　　起止时间:＿＿＿＿＿＿＿＿

成员	姓名		学号		角色分工			
	姓名		学号		角色分工			
	姓名		学号		角色分工			
序号	时间地点	参加人	方式	议题	结论(记录人姓名)	资料来源与名称(注收集人姓名)	备注

项目总结(200~300 字,包括项目完成情况、角色分工、个人体会):

三、完成形式

三人一组，自由组合。采用讨论式学习方式。

四、完成内容

1. 项目报告

包括零件的分析、工艺设计过程、工序尺寸的计算过程、工序的设计过程；某工序夹具设计方案的制订过程，定位精度的计算（3000~5000 字）。

2. 一套完整的工艺过程卡

3. 一张夹具设计方案图

4. 详细的小组活动一览表

五、完成阶段

1. 完成零件的毛坯选择

2. 完成零件的工艺设计

3. 进行工序设计

包括基准的选择，尺寸计算，工艺装备选择，加工用量的选择。

4. 确定某工序的夹具

分析某工序的定位需求，选择定位方案，分析定位精度。

5. 完成项目报告

六、成绩评定（表 B-2）

总分为 100 分，包括完成的质量（85 分）、是否按时完成（5 分）、答辩讲解情况（10分）。

表 B-2　项目成绩的评定

成绩评定	内容的独创性	团队合作	演示、回答问题和答辩	计划性	及时
100%	70%	5%	10%	5%	10%
优 (90~100)	能针对项目要求，运用所学相关知识，提出新颖独特的解案，按照项目要求完成任务	讨论、分工和合作愉快	回答问题正确、讲解清楚	有项目计划并按照计划执行	按时完成
良 (80~89)	能针对项目要求，运用所学相关知识，提出自己的解决方案，按照项目要求完成任务	讨论、分工和合作愉快	回答问题基本正确、讲解清楚	有项目计划并按照计划执行	按时完成
中 (70~79)	能针对项目要求，运用所学相关知识，在老师帮助下提出自己的解决方案，按照项目要求完成任务	讨论、分工和合作愉快	回答问题基本正确、讲解清楚	有项目计划并按照计划执行	按时完成
及格 (60~69)	能针对项目要求，运用所学相关知识，按照老师指导的解决方案，按照项目要求完成任务	能进行讨论、分工和合作	回答问题基本正确、讲解基本清楚	有项目计划并按照计划执行	按时完成
不及格 (60 以下)	能针对项目要求，在老师的指导下和督促下，不能按项目要求完成任务	不能进行讨论、分工和合作	不能正确回答问题、讲解不清楚	无项目计划	不按时完成

参 考 文 献

[1] 于骏一，邹青．机械制造技术基础[M]．北京：机械工业出版社，2009．

[2] 韩秋实，王红军．机械制造技术基础[M]．北京：机械工业出版社，2009．

[3] 荆长生．机械制造工艺学学习指导与习题[M]．北京：机械工业出版社，1992．

[4] 熊良山．机械制造技术基础[M]．武汉：华中科技大学出版社，2007．

[5] 朱银寿，原所先，蔡宝义，等．机械制造工艺学学习指导、习题以及例题分析[M]．沈阳：东北大学
     出版社，1995．

[6] 张学政．机械制造工艺基础习题集[M]．北京：清华大学出版社，1999．

[7] 李伯民，赵波．现代磨削技术[M]．北京：机械工业出版社，2003．

[8] 王德泉．砂轮特性与磨削加工[M]．北京：中国标准出版社，2001．

[9] 袁巨龙，等．超精密加工现状综述[J]．机械工程学报，2007，43(1)：35-48．

[10] 庞子瑞，等．超高速磨削的特点及其关键技术[J]．机械设计与制造，2007(4)：160-162．

[11] 李长河，等．高效率磨削技术发展[J]．制造技术与机床，2008(10)：50-54．

[12] 修世超，等．数控快速点磨削技术及其应用研究[J]．产品与技术，2008(10)：87-91．

[13] 黄云，等．砂带磨削的发展及关键技术[J]．中国机械工程，2007，18(18)：2263-2266．

[14] 陈延君，等．国内外砂带技术的发展与应用[J]．航空制造技术，2007(7)：86-91．

[15] 王爱玲，等．现代数控机床[M]．北京：国防工业出版社，2003．

[16] 李峻勤，等．数控机床及其使用与维修[M]．北京：国防工业出版社，2000．

[17] 吴祖育，等．数控机床[M]．上海：上海科学技术出版社，1994．

[18] 孙志永，等．数控与电控技术[M]．北京：机械工业出版社，2002．

[19] 张超英，罗学科．数控加工综合实训[M]．北京：化学工业出版社，2003．

[20] 韩鸿鸾，荣维芝．数控机床加工程序的编制[M]．北京：机械工业出版社，2003．

[21] 田春霞．数控加工技术[M]．北京：机械工业出版社，2003．

[22] 周济，周艳红．数控加工技术[M]．北京：国防工业出版社，2002．

[23] 吴明友．数控机床加工技术[M]．南京：东南大学出版社，2000．

[24] 李军，孙坚，马宏涛．个体化钛支架在构筑颌骨三维形态中的应用[J]．口腔颌面外科杂志，2003．

[25] 王成，韩明，陈幼平，等．基于Windows2000快速成型SLA控制系统的研究[J]．锻压装备与制造技
     术，2003．

[26] 汪成为，高文，王行仁．灵境(虚拟现实)技术的理论、实现及应用[M]．北京：清华大学出版社，
     1996．

[27] 周洪玉，王慧英，周岩．虚拟现实及应用的研究[J]．哈尔滨理工大学学报，2000(4)：49-51．

[28] 王红兵．虚拟现实技术——回顾与展望[J]．计算机工程与应用，2001，27(1)：48-52．

[29] 齐从谦．制造业信息化导论[M]．北京：中国宇航出版社，2003．

[30] 杨叔子．望路制造与企业集成[J]．中国机械工程，2000，11(1-2)：45-47．

[31] 杨海成，等．2002年中国机械工程学会年会论文集[C]．北京：机械工业出版社，2002．

[32] 袁哲俊，王先逵．精密和超精密加工技术[M]．2版．北京：机械工业出版社，2007．

[33] 井川直哉，岛田尚一．超精密切削加工的精度限界[J]．精密工学会志，1986，52(12)：2000-2004．

[34] 袁巨龙，王志伟，文东辉，等．超精密加工现状综述[J]．机械工程学报，2007，43(1)：35-48．

[35] 中国科学技术协会，中国机械工程学会．2008—2009机械工程学科发展报告(机械制造)[M]．北
     京：中国科学技术出版社，2009．

[36] WALKER D，BROOKS D，KING A，et al. The precessions' tooling for polishing and figuring flat, spheri-

cal and aspheric surfaces[J]. Opt. Express, 2003, 11(8): 958-964.

[37]　袁巨龙, 张飞虎, 戴一帆, 等. 超精密加工领域科学技术发展研究[J]. 机械工程学报, 2010, 46
(15): 161-177.

《机械制造技术基础学习指导及习题》
王红军　主编

读者信息反馈表

尊敬的老师：

您好！感谢您多年来对机械工业出版社的支持和厚爱！为了进一步提高我社教材的出版质量，更好地为我国高等教育发展服务，欢迎您对我社的教材多提宝贵意见和建议。另外，如果您在教学中选用了本书，欢迎您对本书提出修改建议和意见。

机械工业出版社教材服务网网址：http：//www.cmpedu.com

一、基本信息

姓名：_____　性别：____　职称：_____　职务：_____

邮编：_____　地址：_____

任教课程：_____　电话：_____—_____(H)_____(O)

电子邮件：_____　手机：_____

二、您对本书的意见和建议

（欢迎您指出本书的疏误之处）

三、您对我们的其他意见和建议

请与我们联系：

100037　机械工业出版社·高等教育分社　刘小慧　收

Tel：010—8837 9712，8837 9715，6899 4030(Fax)

E-mail：lxh9592@126.com